TRAITÉ PRATIQUE

DE

PHOTOTYPIE

CITÉ DE CARCASSONNE

(Cliché de M. Fabre).

TRAITÉ PRATIQUE

DE

PHOTOTYPIE

OU

IMPRESSION A L'ENCRE GRASSE

SUR UNE COUCHE DE GÉLATINE

PAR

M. LÉON VIDAL

Rédacteur en chef du *Moniteur de la Photographie*

PARIS

GAUTHIER-VILLARS, IMPRIMEUR-LIBRAIRE

DU BUREAU DES LONGITUDES, DE L'ÉCOLE POLYTECHNIQUE

SUCCESSEUR DE MALLET-BACHELIER

Quai des Augustins, 55

—

1879

TABLE DES MATIÈRES

CHAPITRE XV

CHAPITRE XVI

CHAPITRE XVII

CHAPITRE XVIII

CHAPITRE XIX

CHAPITRE XX

CHAPITRE XXI

APPENDICE

NOTES

TABLE

DES FIGURES DANS LE TEXTE

PLANCHES HORS TEXTE

ERRATA

Page 2, *lire* : rapidement, *au lieu de* : facilement.

21e ligne,	— 4,	—	virage	—	tirage.
	— 13,	—	Edmond	—	Édouard.
	— 18,	—	subjectile	—	subjectif.
	— 20,	—	*typographique*	—	*lithographique*
	— 31,	—	Chapitre XI	—	Chapitre XXI.
28e ligne,	— 31,	—	Dessous	—	Dessus.
	— 32,	—	heures	—	secondes.
14e ligne,	— 32,	—	Chap. IX	—	Chap. XI.
21e ligne,	— 35,	—	montage	—	remontage.
	— 92,	—	blanches	—	blanche.
20e ligne,	— 112,	*supprimer* la virgule après le mot humidité.			

PRÉFACE

En présence de l'extension de plus en plus grande que ne cessent de prendre les procédés d'impression à l'encre grasse sur une couche de gélatine, nous avons cru nécessaire de résumer au plus tôt dans un Traité spécial l'ensemble des faits et des procédés relatifs à cette importante question.

C'était assurément l'une des plus dignes de notre attention, puisque cette belle application des découvertes de M. Poitevin paraît devoir être une des plus fécondes au point de vue de la vulgarisation des impressions photographiques.

Si simple que soit cette méthode d'impression, elle est, nous le constatons avec regret, très peu répandue encore, trop personnelle peut-être, et bien que le nombre de ses adeptes aille en s'accroissant d'une façon continue, il nous a semblé utile d'aider à ce développement par la publication d'un Traité aussi complet que possible.

MM. Mook, Geymet, Husnik, Bolas et d'autres encore nous ont dévancé dans cette voie ; mais, depuis l'apparition de leurs excellents ouvrages sur cette matière, il s'est produit de nouveaux progrès.

Sans que le principe qui sert de base à cette méthode ait subi la moindre atteinte, il a été apporté à son application industrielle de certaines modifications et des perfectionnements divers en assez grand nombre pour motiver la rédaction d'un nouveau traité, où, tout en retrouvant les notions premières et déjà publiées de cet art spécial, on acquerrait encore bien des indications complémentaires des précédents travaux de ce genre.

La marche de l'avancement est si rapide dans la voie des découvertes photographiques, qu'il nous faudra sans doute bientôt, nous ne nous le dissimulons pas, ajouter à ce livre, si complet qu'il puisse nous paraître à l'heure actuelle, d'autres procédés préférables à tous ceux qui y sont décrits ; c'est ce que nous nous proposons de faire, soit en le rééditant, s'il y a lieu, avec les nouveaux développements qu'il comporte, soit en publiant, à part, des fascicules additionnels à l'aide desquels nos lecteurs seront toujours tenus au courant des améliorations et des inventions les plus récentes survenues dans la théorie et dans la pratique de la phototypie.

Nous aurons recours, pour adopter le moyen le plus convenable, aux conseils éclairés de notre sympathique et savant éditeur, M. Gauthier-Villars; son dévouement à notre science spéciale est bien connu et apprécié de tous ceux de nos confrères dont il accueille et publie les écrits photographiques avec autant de bienveillance que de soin.

Encore un mot avant de terminer ce court préambule. Il nous est inspiré par la gratitude que nous devons à M. Carlos Relvas et à M. Quinsac pour l'hommage qu'ils ont bien voulu nous faire des remarquables phototypies contenues dans ce traité.

M. Carlos Relvas, dont le nom est si répandu aujourd'hui, est un des amateurs de phototypie les plus distingués, les plus dévoués à cet art et les plus généreux. Le procédé de phototypie à l'aide duquel il a imprimé la planche si parfaite que nous sommes heureux de montrer à nos lecteurs, est celui de Jacobi; il l'a acheté à ses frais pour en doter son pays, le Portugal, où il ne cesse de faire les tentatives les plus louables pour importer et introduire dans la pratique industrielle les principales applications de la photographie.

M. Quinsac, dont l'établissement industriel est à Toulouse, figure, en France, au premier rang des imprimeurs phototypiques. Bien que résidant si loin de Paris, il exécute pour de grandes maisons de la capitale, pour la maison Morel entre autres, des travaux considérables et dont on ne peut que louer la régularité et le fini merveilleux; on en jugera par le spécimen qu'il a bien voulu nous offrir.

Ajoutons que ces deux honorables et si habiles confrères ont obtenu chacun une médaille d'or à l'Exposition universelle de 1878, preuve bien évidente qu'ils sont parmi les plus avancés dans le sens du progrès.

En dépit de tous nos efforts pour être clair et précis, nous craignons de n'avoir pas toujours atteint notre but; aussi croyons-nous devoir suppléer à l'insuffisance de notre œuvre écrite en offrant, à titre purement gracieux, notre concours le plus empressé à tous les amateurs et praticiens désireux de recevoir directement des explications plus nettes encore.

Nous voulons la diffusion, étendue autant que possible, des procédés de phototypie; aussi sommes-nous décidé à ne reculer devant aucun effort en vue de contribuer, pour notre part, à les faire connaître et à en généraliser l'emploi.

TRAITÉ PRATIQUE

DE

PHOTOTYPIE

CHAPITRE PREMIER

La phototypie est un des procédés photographiques les plus complets et les plus utiles.

A l'époque où M. le duc de Luynes fonda un prix de 8,000 francs, pour consacrer cette somme à récompenser le meilleur procédé présenté au concours pour *l'impression à l'encre grasse des épreuves photographiques*, la commission instituée pour décerner le prix fut unanime à décider *que M. Poitevin avait complètement réalisé les conditions posées par M. le duc de Luynes.*

M. le duc de Luynes, dit le rapport de M. Davanne, *reconnaissait qu'à la photographie seule appartient le mérite de la fidélité et de l'authenticité incontestables qui conviennent si bien aux recherches de la science ; mais, tout en rendant justice à la beauté et à la fraî-*

*cheur des épreuves obtenues au sel d'argent, il refu-
sait cependant de confier à ces procédés trop éphé-
mères la reproduction de travaux qu'il importait de
transmettre aux âges futurs.*

Si le désir de M. le duc de Luynes se trouvait
déjà réalisé au moment où le prix qu'il avait
fondé fut décerné à M. Poitevin, il faut bien reconnaître que, depuis lors, la même opération photographique, tout en s'exécutant à l'aide des mêmes
réactions chimiques, a fait d'assez rapides et d'assez
importants progrès pour que les résultats obtenus
aient dépassé toute prévision.

En laissant de côté tout ce qui n'est pas de la phototypie, c'est-à-dire la photolithographie, l'héliogravure, la zincographie et tous les autres procédés
basés sur les propriétés que prend, sous l'influence
de la lumière, un mélange de gélatine ou d'albumine avec un bichromate alcalin soluble, procédés
dont nous aurons lieu de nous occuper spécialement, parce qu'ils présentent tous un grand intérêt,
nous dirons de ce mode d'impression qu'il est à
nos yeux le plus parfait et le plus facile qui existe
pour produire de belles épreuves en grand nombre,
facilement et économiquement. Nous ajouterons
que, par la facilité de son emploi, par la simplicité
de l'outillage qu'il comporte, il est aussi bien à la
portée de n'importe quel photographe praticien
que des amateurs de photographie.

On s'est exagéré considérablement les difficultés

de cette méthode d'impression, pourtant si certaine et si satisfaisante à tous égards. Nous-même, avant d'avoir étudié la phototypie, comme nous l'avons fait depuis quelques années, nous avions une tendance à craindre que ce procédé, de prime abord si délicat, ne pût être mis en œuvre que par des personnes initiées par une assez longue pratique de ce mode d'impression et douées d'une habileté naturelle toute spéciale.

Nous supposions encore que, pour l'amateur ou le photographe de profession qui n'ont à tirer, d'un même cliché, qu'un nombre restreint d'épreuves, il n'y aurait aucun intérêt à recourir à l'impression aux encres grasses, qui paraissait entraîner des préparations trop longues et trop délicates, pour ne servir, en définitive, qu'à un tirage de quelques épreuves. A cet égard, nous avons acquis la conviction que la phototypie, appliquée aux tirages restreints, l'emporte encore sur les autres procédés quels qu'ils soient qui exigent une action réitérée de la lumière pour chaque image nouvelle : comme, par exemple, les procédés au chlorure d'argent, au platine et au charbon.

Nous affirmons aujourd'hui que le tirage d'une douzaine seulement d'épreuves positives sera plus vite fait et plus économiquement sur la presse phototypique qu'il ne le serait par aucun des procédés que nous venons d'indiquer. Encore les épreuves obtenues par ces procédés exigent-elles un découpage et un montage, tandis que les épreuves phototypiques seront tirées immédiatement sur tel papier ou telle carte que l'on voudra et avec telle marge que l'on pourra désirer.

Un cliché exposé à la lumière, pour les divers tirages que nous avons cités, donne en moyenne de 6 à 8 épreuves dans la journée, épreuves qu'il faudra encore manipuler, laver, virer, développer, fixer, reporter, couper, coller, etc., tandis qu'une seule exposition à la lumière sur une plaque préparée tout aussi facilement, à peu de chose près, que tel ou tel papier sensible, suffira pour que l'on tire le jour même ou le lendemain, ou quand on le pourra, 12, 24, 50, 100 épreuves dans un temps qui variera de une à cinq heures suivant le nombre. Il suffit évidemment d'une heure pour imprimer de 12 à 15 épreuves, y compris la mise en train de la plaque d'impression.

Les épreuves ainsi obtenues auront le ton que l'on préférera, sans que l'on soit à la merci d'un tirage difficile, inconstant et fournissant une coloration que l'on ne peut modifier que dans des limites peu étendues. Elles seront indélébiles ; leur aspect sera des plus artistiques. Tirées directement sur leur véhicule définitif et avec leurs marges, elles n'auront plus à subir aucune manipulation. — Un cliché étant remis aujourd'hui, on peut, dès demain matin, tirer et livrer 100 épreuves à midi. Le coût de l'opération, comparé à celui des autres

impressions, est bien moindre. Nous recourons aux
mêmes auxiliaires, dans les deux cas, pour obtenir
avec la phototypie un bien plus grand nombre
d'épreuves dans le même temps, et nous avons à
compter en moins les frais d'emmargement.

Une feuille de papier albuminé sensible, au chlorure d'argent, est vendue, imprimée, au prix mini-
mum de 2 francs, soit à raison de 50 centimes
l'épreuve d'un format moyen de 22 × 37, non compris le montage. C'est là, nous le répétons, un mi-
nimum. Donc, 12 épreuves représenteront, toutes
montées, une valeur d'environ 1 franc l'une, soit
12 francs. Eh! bien, si nous les imprimons phototy-
piquement, nous arriverons à dépenser 2 fr. 50 pour
une plaque jusqu'à cette dimension d'épreuves et
2 fr. 50 encore, outre l'insolation, les autres opérations, le papier et le tirage. Doublons encore ces
chiffres pour la part des frais généraux, nous
arriverons à un coût de 10 francs; et s'il fallait
12 épreuves de plus, tandis que par le premier
procédé le prix serait doublé forcément, nous
n'aurions plus ici qu'à ajouter environ 3 à 4 francs
pour le tirage supplémentaire, et tous les autres
frais d'établissement demeureraient les mêmes.
Donc, dans le premier cas, coût 24 francs, et, dans
le deuxième, 13 à 14 francs; et cette différence, au
profit de l'impression phototypique, ne pourra que
s'accroître à mesure que le tirage deviendra plus
important. C'est là ce que tout le monde voit bien

1.

Aussi notre but n'est-il pas de démontrer que
1,000 épreuves à l'encre grasse peuvent ne coûter
que 50 à 60 francs, tandis que celles au sel d'argent
coûteront 1,000 francs, mais bien d'appeler l'attention sur ce fait, que, même pour de faibles tirages,
il y a encore un sérieux avantage, à tous les points
de vue, dans l'emploi de la phototypie.

Il suffit de voir les épreuves que tirent MM. Quinsac, de Toulouse; Obernetter, de Munich; Arosa, de
St-Cloud; Berthaud, de Paris; et tant d'autres,
pour avoir de plus la conviction que les résultats
donnés par la phototypie sont aussi complets, aussi
beaux, en général, que les épreuves au sel d'argent
et au charbon.

On nous objectera, non sans raison, que la façon
actuelle d'opérer est un obstacle à l'emploi courant
de la phototypie dans les maisons de reproduction
de monuments, de paysages et d'objets d'art. A
dessein, nous laissons à part le portrait, pour en
parler spécialement et pour dire dans quels cas il
convient de lui appliquer la phototypie et dans
quels autres cas il est préférable de le traiter par le
procédé au charbon ou par la photoglyptie.

Le principal obstacle à la complète vulgarisation
de la phototypie réside, purement et simplement,
en admettant comme étant initiés à ses manipulations tous ceux que cela intéresse, dans l'existence
de clichés non retournés, et que l'on craint de compromettre en les retournant par un des nombreux

moyens d'enlevage qui ont été publiés, et dont quelques-uns donnent pourtant d'excellents résultats.

A notre avis, on ne devrait plus jamais produire que des clichés retournés, quel que soit le mode d'impression qu'il s'agisse d'employer, les procédés aux sels d'argent et de platine exceptés, bien entendu. Mais, qu'il soit question de faire les tirages au charbon, à la photoglyptie, à la photogravure ou enfin à la phototypie, on pourra et devra se servir de clichés retournés. Cela est indispensable pour les deux derniers procédés, et cela vaut mieux pour les deux premiers. Dans le cas du charbon, on supprimerait ainsi le double transfert, et l'image s'imprimerait directement, ce qui est une grande simplification.

Quand à la photoglyptie, elle donne des images bien plus fines quand la gélatine peut être pressée sur le plomb du côté opposé au collodion, et il faut, pour pouvoir redresser la gélatine, la produire avec un cliché retourné.

Nous n'hésitons donc pas à poser en principe, qu'en dehors des épreuves aux sels d'argent et de platine, il y a avantage ou nécessité à employer des clichés retournés. De là à espérer qu'avant peu de temps tous les photographes s'organiseront de manière à retourner leur clichés, il n'y a qu'un peu de temps encore à attendre. Tout n'est d'ailleurs qu'habitude, et la nécessité professionnelle crée vite l'habitude. Dans les maisons qui pratiquent l'hé-

liogravure et la phototypie, on fait les clichés retournés, sans s'en préoccuper davantage qu'on ne
le fait dans les autres maisons pour obtenir des
négatifs directs. Chacun adopte la méthode qui lui
est la plus familière. Les uns usent d'un prisme,
d'autres du redressement à la chambre noire et sur
glace; celui-ci aime mieux, par raison d'économie,
l'emploi du verre ordinaire, mais il est fort habile
à enlever la pellicule qui porte le négatif; un
autre se contente de multiplier les contre-types par
des réimpressions à la plombagine ou bien par l'application, contre des glaces sèches sensibles, de positifs sur verre au charbon.

Beaucoup d'autres moyens de retournement
existent encore, et, quoiqu'il soit toujours assez difficile de rompre avec une vieille routine, nous n'en
sommes pas moins convaincu que la jeune géné-
ration photographique se pliera bien vite à toutes
les exigences, si peu compliquées d'ailleurs, de l'art
nouveau des impressions rapides à l'encre grasse.

Nous ne voulons citer personne quand il s'agit
de critiquer; nous nous bornerons donc à dire qu'il
y a à Paris diverses grandes maisons industrielles
qui inondent la France de leurs reproductions de
vues et de monuments toutes imprimées au sel
d'argent.

Pourquoi cette lutte contre le progrès, pourquoi
cette négation du mieux pour rester quand même
fidèles au passé, au *moins bien?* Pourquoi cette lutte

de l'éphémère contre le durable, du lent contre le rapide? La réponse est facile. Il y a d'abord la force de l'habitude. Ces maisons ont fait, en opérant comme elles continuent à le faire, de sérieux bénéfices ; c'est là une sanction qui en vaut bien d'autres ; et puis, tout leur matériel de clichés, d'appareils divers, est organisé pour l'ancienne méthode ; leur personnel n'a point encore les connaissances pratiques qu'exigent les moyens nouveaux d'impression. C'est tout à refaire, c'est tout à recommencer, c'est une existence nouvelle à greffer sur une vie ancienne déjà. Nous le concevons, il y a fort à faire pour sortir de là et se lancer dans la carrière, peut-être inconnue pour eux, de l'avenir. Beaucoup hésitent en présence de procédés dont ils admirent certains résultats, mais qu'ils ne croient pas encore assez industriels. Ils attendent, avec la prudence de l'homme d'affaires qui sait où il va, que d'autres aient retiré les marrons du feu : ils sauront bien les croquer à leur tour, mais alors que des traditions se seront établies dans ce mode d'impression, et qu'il existera comme existe aujourd'hui le tirage à l'argent ; quand il aura son personnel fixe ou ambulant d'opérateurs et d'imprimeurs ; quand enfin ils l'auront vu pratiquer avec succès par d'autres maisons concurrentes ; oh ! alors, la phototypie régnera dans le monde photographique, elle sera le moyen d'impression le plus répandu, tandis que la photogravure et la photoglyptie ne seront toujours que des cas particuliers, propres à certaines maisons, à certaines spécialités.

Le but de ce traité est précisément de contribuer à l'expansion de cette méthode en en rendant l'intelligence prompte et l'exécution facile.

Sans cesse dévoué à la question des impressions photographiques indélébiles, nous avons fait tout ce que nous avons pu pour aider à la vulgarisation des procédés au charbon, et chaque jour nous voyons s'accroître le nombre des adeptes de ce mode de tirage des épreuves positives.

Nous ne venons pas aujourd'hui le renverser, mais, esclave du progrès, nous venons dire à tous ceux qui ont à produire beaucoup et à bon marché : Vous avez un procédé, toujours à base de carbone, plus rapide encore et moins coûteux que les divers procédés au charbon que nous avons décrits ; c'est celui-là qu'il faut adopter.

Mais nous ajoutons : Sachez varier l'emploi des divers procédés suivant les résultats que vous recherchez. Ainsi, pour le portrait, nous préférons encore, pour des tirages peu nombreux, les impressions positives au charbon ; elles produisent des effets de transparence que donne plus difficilement l'impression phototypique ; elles ont aussi, et en même temps, de plus grandes vigueurs, précisément à cause de la profondeur vitreuse que produit la gélatine quand elle n'est pas trop chargée de matière colorante. Pour les reproductions d'objets d'art, d'émaux et en général de tous les objets métalliques ou vitreux, il y aura, avec le procédé au charbon direct ou mécanique, tel que la photoglyptie, des effets à la fois plus solides et plus transparents que cela n'existera en général avec de l'encre grasse ou de la photogravure; il appartiendra donc à chacun de faire choix du meilleur procédé, le plus capable de s'adapter à la nature de l'objet à reproduire.

On le voit, nous sommes loin d'être exclusif, et nous estimons qu'un établissement de photographie ne saurait être sérieusement organisé qu'à la condition de pratiquer les diverses méthodes de tirages qui, suivant les cas, peuvent le mieux convenir à la fidèle reproduction des objets à copier.

Il se trouve que, grâce aux découvertes de Poitevin, les tirages au charbon, la photolithographie, la zincographie, la phototypie, l'héliogravure et la photoglyptie sont des dépendances d'une même action sur les mêmes substances préparées à peu près de la même manière, et que ce n'est guère compliquer ses installations que de les munir de tout l'outillage et du personnel propres à ces divers modes d'impression, tous utiles et qui peuvent tous être pratiqués simultanément, puisqu'ils sont de la même famille et qu'une sympathie commune les unit. Déjà diverses maisons se sont organisées à peu près ainsi. Nous pouvons citer entre autres

celle de M. Braun, à Dornach, les ateliers de photochromie du *Moniteur*, que nous avons eu la mission
d'installer, les ateliers de la maison Goupil et Cie
et ceux de MM. Lemercier et Cie, à Paris.

A chacun de ces établissements, il manque bien
encore quelques spécialités dépendant de l'application des découvertes de M. Poitevin, mais il
ne tient qu'à une circonstance d'affaires que ce
complément soit établi pour ainsi dire du jour
au lendemain, puisque, déjà, c'est l'action de la lumière sur la gélatine bichromatée qui y règne en
souveraine, se prêtant indistinctement à tous les
genres de résultats que comportent les reproductions à réaliser

CHAPITRE II

Résumé historique de l'invention de la Phototypie.

Dans un traité pratique de phototypie, vrai manuel opératoire où l'on cherchera plutôt la description d'un procédé clair et certain que des détails historiques, il est de peu d'importance de remonter aux origines de cette invention ; pourtant, notre travail ne saurait être complet que s'il mentionne ce point de départ en indiquant, sommairement au moins, quelle a été la marche de ce procédé jusqu'à l'heure actuelle.

Il s'agit ici d'une des principales applications de l'action chimique qui se produit sur de la gélatine bichromatée sous l'influence des rayons lumineux.

S'il est démontré que, dès 1840, Mungo Ponton employait déjà du papier bichromaté pour reproduire à sa surface des dessins à la lumière ; si M. Edouard Becquerel a, de son côté, peu de temps après, utilisé l'action de la lumière sur l'acide chromique des bichromates alcalins pour modifier

l'amidon et lui enlever la propriété de se colorer
en bleu sous l'action de la teinture d'iode, autre
moyen de constituer des dessins par une coloration
fournie par l'iodure d'amidon formé ultérieurement; si enfin, en 1853, M. Talbot a, dans ses essais
de gravure photographique, utilisé comme réserve
la gélatine bichromatée rendue plus ou moins perméable à l'eau dans les parties atteintes à divers
degrés par la lumière ; il est certain que ce n'est
pas de ces premières expériences, si peu connues
et si limitées d'ailleurs dans leurs applications, qu'a
pu naître la vulgarisation des procédés divers qui
ont pour base l'action de la lumière sur la gélatine bichromatée et dont fait partie la phototypie.

Nous ne saurions affirmer que M. Poitevin,
lorsqu'il a fait ses premiers essais d'impression
par la phototypie sur gélatine bichromatée, en 1854
et 1855, n'avait pas eu connaissance des faits qui
précèdent et qu'ils ne l'ont pas conduit à des
recherches plus complètes sur l'emploi des mucilages bichromatés.

Toujours est-il qu'il fait remonter à 1848, pour
ce qui concerne sa part dans ces études, l'idée, par
lui aussitôt réalisée, de reporter sur des feuilles de
gélatine les clichés qu'il obtenait de la plaque
daguerrienne, après avoir découvert la propriété
qu'elle possède, impressionnée par la lumière et
passée aux vapeurs de mercure, de se recouvrir de
cuivre par la pile galvanique. — Il avait remarqué

que, toutes les fois qu'il mouillait la surface des
feuilles de gélatine, les parties non recouvertes par
le cuivre se gonflaient d'une manière assez régulière et étaient assez solides pour qu'on pût en
obtenir des moulages en soufre. Il obtint ainsi
des gravures assez satisfaisantes.

Un peu plus tard, en 1849, en s'occupant de
recherches sur la formation de clichés en gélatine,
il remarqua que ces clichés portaient le dessin
en creux dans les parties opaques.

L'idée lui vint encore de contre-mouler ces
clichés pour en obtenir, par la galvanoplastie, des
planches en cuivre gravées. Mais ces essais, que
nous n'indiquons ici que pour rappeler la voie
dans laquelle avaient été conduites les recherches
de M. Poitevin, n'avaient encore aucun rapport
avec la gélatine bichromatée, dont il ne fit usage
qu'en 1854, toujours en vue de la gravure. Il en
recouvrait des plaques métalliques, non pas pour
créer des réserves, comme l'avait fait M. Talbot,
mais pour étudier sur elles le dépôt galvanique
sur les parties impressionnées par la lumière.

Cette expérience le conduisit à observer que le
dépôt galvanique se produisait très-nettement sur
les parties non insolées, et il vit en outre que, dans
ces parties, la gélatine se gonflait très-régulière-
ment.

Ces essais, nous le répétons, n'avaient jamais
pour objet que la gravure héliographique, mais ils

n'en devaient pas moins amener d'autres découvertes et donner naissance aux diverses applications
de la gélatine bichromatée aux impressions photographiques indélébiles et rapides : procédé au
charbon, photolithographie, phototypie, héliogravure, etc.

C'est surtout en 1855 que M. Poitevin est, comme
il le dit lui-même dès 1862, avec une conviction
sanctionnée par les faits actuels, arrivé à l'épuisement complet de la question, prévoyant dès lors
toutes les applications si remarquables que l'on
fait aujourd'hui de la gélatine, de l'albumine et
de la gomme bichromatées dans la voie des impressions photographiques les plus perfectionnées et
les plus durables.

Il avait reconnu la propriété de ces substances,
de retenir l'encre grasse dans de certaines conditions, ce qui, à ses yeux, pouvait servir de base à
un procédé d'impression d'un très-grand avenir.

Des feuilles de papier recouvertes de gélatine et
plongées ensuite dans une dissolution d'un bichromate alcalin, étaient exposées à la lumière au
travers d'un cliché.

L'encre grasse, promenée à l'aide d'un tampon,
recouvrait d'abord la feuille entière; mais, une fois
celle-ci immergée dans l'eau, on voyait apparaître
un dessin assez complet formé par l'encre grasse,
retenue seulement dans les parties que la lumière

avait rendues insolubles et en même temps peu ou pas perméables à l'humidité.

Des épreuves ainsi obtenues figurèrent à l'Exposition universelle de 1855.

Dès que M. Poitevin eut reconnu la possibilité de faire adhérer l'encre grasse aux seules parties atteintes et modifiées par la lumière d'une surface recouverte d'une couche de gélatine, d'albumine ou de gomme bichromatées, il se crut arrivé à la réalisation de la photolithographie ; aussi n'eut-il plus qu'un but, celui de pousser plus avant sa découverte, de façon à en tirer des applications immédiatement et pratiquement industrielles.

Il s'agissait, en définitive, d'une sorte d'impression analogue à celle de la lithographie ordinaire, puisque, comme dans celle-ci, on opérait sur une couche dont les parties sèches retenaient le corps gras, tandis qu'il était repoussé dans les endroits humides. La matière de la planche n'était pas la même, la pierre se trouvait remplacée par de la gélatine bichromatée, mais l'effet produit était absolument semblable; et, tandis que, dans le cas de la lithographie, le dessin était le résultat d'une œuvre manuelle, ici, c'était la lumière qui l'avait formé; et, d'ailleurs, pourquoi ne pas prendre la pierre elle-même comme support de la couche de mucilage bichromaté, pourquoi ne pas forcer la lumière à dessiner sur la pierre directement, pour tirer profit à la fois, et des propriétés particulières de la pierre lithographique, et de l'action, si intéressante, de la lumière sur une des substances organiques précitées, additionnée d'un bichromate alcalin ?

Tel a été le but des efforts de M. Poitevin à partir de 1855, époque où fut pris son brevet, jusqu'en 1857, où il en fit cession à M. Lemercier, qui l'a appliqué depuis avec un grand succès dans son important atelier de lithographie, y imprimant en très-grand nombre des épreuves photographiques comme avec les pierres lithographiques ordinaires.

Le dernier mot de la perfection n'était pourtant pas encore dit ; les épreuves tirées sur pierre par le procédé de M. Poitevin étaient plus complètes quand les images étaient formées par des traits que lorsqu'il s'agissait de reproduire des demi-teintes finement modelées. Le subjectif, préparé à l'albumine bichromatée, laissait échapper quelques-unes des demi-teintes, et il en résultait une certaine dureté dans les images imprimées.

Les deux actions combinées de la porosité de la pierre d'une part et de l'insolubilité des mucilages bichromatés de l'autre, semblaient aller mal ensemble ; un tour de main était nécessaire pour rendre la découverte de M. Poitevin applicable aux reproductions du modelé le plus fin et le plus continu, et ce n'est qu'assez longtemps après que nous voyons des praticiens habiles venir, chacun à leur tour, apporter leur perfectionnement à l'œuvre-mère de Poitevin.

Nous aurons lieu d'examiner tour à tour les procédés divers de MM. Tessié du Mothay et Maréchal, publiés en 1867; de M. Albert, de Munich, qui date de 1869; de M. Obernetter, mis en pratique l'année suivante (1870); puis, en même temps, celui de M. Edwards (1870), celui de M. Gemoser, et, successivement, les nombreux travaux de MM. Geymet, Despaquis, Thiel aîné, et, plus récemment, les impressions sur machines rapides à cylindre réalisées à Mayence, en 1872, par MM. Brauneck et Mayer, le procédé Husnik, qui date de 1876, et nos propres apports à cette série de modifications et de tours de main, qui ne laissent pas moins intact le point de départ sur lequel nous avons insisté : la découverte de M. Poitevin.

Tous, tant que nous sommes, nous avons cherché à tirer de cette belle et si féconde découverte le meilleur parti possible, nous avons eu recours à des tours de main plus ou moins habiles, à de nouvelles méthodes, en changeant les supports, en modifiant les formules, mais sans jamais rien changer à l'action première sur laquelle nous nous appuyons tous, soit, la propriété, découverte par M. Poitevin, qu'ont les parties insolées de la couche d'un mucilage bichromaté de repousser l'eau et de retenir le corps gras, tandis que les autres parties peuvent absorber l'eau et par suite repoussent la matière grasse.

Là est la phototypie tout entière, quel que soit son nom ou sa forme.

CHAPITRE III

Pourquoi faut-il désigner les impressions à l'encre grasse sur gélatine sous le nom de Phototypie?

De quel nom faut-il appeler le mode d'impression sur gélatine dont s'occupe ce traité? A vrai dire, cela a fort peu d'importance, et c'est le fait plutôt que le nom qui mérite notre attention.

Il serait pourtant bon de s'entendre sur une désignation généralement acceptée, afin d'éviter la confusion qui naît souvent de la diversité des appellations employées par les divers opérateurs.

Nous avons adopté celui d'entre les divers noms de ce procédé d'impression à l'encre grasse qui nous semble le plus fréquemment employé, c'est le mot *phototypie*. — Pourquoi le choisissons-nous de préférence aux autres?

Voici : d'abord il rappelle parfaitement l'objet dont il s'agit, soit l'impression par la lumière à l'encre lithographique.

Héliotypie est absolument synonyme de phototypie ; le mot lumière y est remplacé seulement par le mot soleil.

Autotypie, que signifie-t-il ? Nous l'ignorons. Serait-ce *impression de soi-même ?* Dans le doute et vu l'absence de clarté, il y a lieu de s'abstenir. En Angleterre, il désigne plus spécialement le procédé au *charbon ;* pourquoi ?

Collotypie, collographie. Ces mots, usités surtout en Angleterre pour désigner l'impression à l'encre grasse sur gélatine, ont un inconvénient, c'est qu'ils suppriment l'origine photographique de la planche ; ils écartent trop le souvenir du principal agent de la base première de ce mode d'impression : la *lumière.*

Photolithographie. C'est là une désignation qu'il faut surtout réserver pour les applications spéciales de la photographie aux impressions à l'encre grasse sur pierre lithographique.

Nous ne contestons pas l'analogie qui existe entre l'impression sur couche de gélatine et celle sur pierre lithographique. Dans les deux cas, c'est un affinité chimique, et la même qui produit l'effet obtenu, c'est-à-dire l'encrage des parties exemptes d'humidité, tandis que l'encre grasse est repoussée dans toutes les parties, soit de la pierre, soit de la gélatine, où il existe plus ou moins d'humidité.

De ce que l'analogie entre ces deux sortes d'impression est grande, il ne s'ensuit pas que l'on soit fondé à employer le mot *lithographie* là où la pierre lithographique n'a aucun rôle à jouer.

Or, comme il arrive fréquemment que l'on emploie la pierre lithographique, comme le font divers industriels de Paris, pour des impressions dues à la lumière, c'est à cette application spéciale qu'il convient de réserver le mot *photolithographie*.

En Allemagne, en Autriche et surtout en Bavière, nous voyons fréquemment le mot *albertypie*, à cause du perfectionnement apporté par M. Albert à la préparation des glaces gélatinées, parce qu'il est un des premiers qui ont industriellement appliqué les tirages à l'encre grasse sur gélatine, et aussi parce que son atelier de Munich a été, pendant longtemps, comme une école où se rendaient de nombreux élèves qu'il initiait à ses procédés.

Cette désignation ne saurait d'ailleurs s'appliquer qu'à l'impression sur glace exécutée d'après les procédés décrits par Albert. Or, l'impression sur gélatine à l'encre grasse peut s'opérer bien autrement : le support de la couche n'est pas forcément du verre ; il est des opérateurs qui emploient des plaques de zinc, d'autres se servent de plaques en cuivre, d'autres enfin, comme M. Lemercier l'a fait d'abord, et comme le fait encore M. Geymet, de la pierre lithographique elle-même.

Nous trouvons encore les mots *panotypie*, *pantotypie*, qui signifieraient procédé d'impression s'appliquant à tous objets ou sujets quelconques ; mais n'en est-il pas de même de presque tous les procédés ?

Quant aux mots *zincographie*, *cuprographie*, tout au plus pourraient-ils servir de qualificatifs et être employés à la suite du mot phototypie ; ainsi, ceux qui emploient le zinc comme support rigide pourraient dire : phototypie zincographique, et ceux qui usent du cuivre diraient de même : phototypie cuprographique, mais nous n'approuverions pas ces spécifications, qui s'appliqueraient bien mieux aux procédés dans lesquels c'est le zinc ou le cuivre qui sont eux-mêmes gravés et transformés en planches d'impression, au lieu de ne jouer, comme dans la phototypie, que le simple rôle de supports.

Quant aux mots d'*héliogravure* et de *photogravure*, c'est bien improprement qu'ils seraient appliqués au mode d'impression qui nous occupe. Ils ne forment qu'un seul et même mot, tout comme phototypie et héliotypie, mais pour désigner une application photographique toute différente, une application qui a pour objet la formation, à l'aide de la lumière, de vraies planches de gravures permettant d'imprimer les images à l'encre grasse mais avec une planche creusée dans du métal. C'est de la taille-douce photographique au lieu d'avoir été obtenue par l'emploi du burin.

Il n'y a donc aucun motif qui milite en faveur

de l'adoption de ces noms pour spécifier les impressions à l'encre grasse sur gélatine.

Un de nos honorables confrères, M. Davanne, aurait voulu voir créer un mot spécial pour désigner cette impression qui s'exerce sur une surface plane, tandis que la typographie exige des reliefs, tandis que la gravure est formée d'une image en creux.

Nous pourrions objecter à cette idée, que ni le mot *typographie* ni les mots *gravure en taille-douce* ne rappellent, l'un l'idée du relief, et les autres l'idée du creux.

A quoi bon, alors, faire appel au mot *planographie*, par exemple, qui, lui, désignerait à la fois les impressions phototypiques, lithographiques et zincographiques sans fixer l'esprit sur le procédé d'impression spéciale dont il s'agit. Ce mot de planographie, ou tout autre mot appliqué à l'ensemble des procédés d'impression sur une surface plane, ne saurait donc être admis pour désigner spécialement l'impression photographique sur couche de gélatine; il présenterait de plus l'inconvénient, que nous avons trouvé aux mots collotypie et albertypie, de ne pas rappeler l'action de la lumière.

Ces diverses considérations nous ont conduit à conserver le mot *phototypie*, que nous employons d'ailleurs depuis un certain temps déjà et que nous voyons adopté le plus généralement par les personnes qui s'occupent des impressions à l'encre grasse sur une couche de gélatine.

Il était bon de s'entendre avant tout sur ce mot et d'expliquer nos motifs de préférence en faveur de celui qui, rapproché de tous les autres employés jusqu'ici à désigner la même chose, paraît devoir résumer et expliquer le mieux l'opération dont il est le nom.

Cela dit, nous n'y reviendrons plus, nous bornant, dans le cour de ce traité, à rappeler, entre parenthèses, la spécification employée par tel ou tel auteur ou opérateur que nous aurons l'occasion de citer.

CHAPITRE IV

Nomenclature, dans leur ordre d'exécution, des diverses
opérations qui constituent l'ensemble
du procédé d'impression phototypique le plus usuel.

Pour éviter aux débutants l'ennui de se noyer
dans les détails pratiques et théoriques qui accompagnent la description de chacune des opérations
distinctes de la phototypie, nous croyons devoir
résumer dans une série d'indications courtes et
précises les phases successives de ce mode d'impression. On n'aura plus ensuite qu'à se reporter
aux divers chapitres détaillés, correspondant à chaune des opérations séparées, pour étudier mieux
les faits propres à chacune d'elles.

1° *Choix du support rigide.* — Prendre des glaces
de Saint-Gobain d'une épaisseur de 8 à 10 millimètres environ et aussi égales que possible sur
toute leur étendue. Les dimensions dépendent des
sujets à reproduire ; il ne faut pas craindre de
pécher par un excès dans les dimensions, d'affecter, par exemple, des glaces de 27×33 à des impres-

sions d'images du format album, ou de 18×24. Les glaces doivent avoir un côté parfaitement dressé. (*Voir* Chap. VI et VIII.)

2o *Nettoyage de la surface polie des glaces.* — La surface des glaces qui doit recevoir la couche sensible doit être nettoyée avec beaucoup de soin et surtout être exempte de tout corps gras. On est sûr d'éliminer les matières grasses en terminant le nettoyage avec un chiffon ou avec de la ouate bien propre et imprégnée d'ammoniaque liquide.

Si les glaces portent encore la préparation précédente, il faut les immerger dans de l'acide sulfurique ordinaire, contenu dans une grande cuve en plomb. Après quelques heures de séjour dans ce bain, on les rince à plusieurs eaux courantes et l'on procède au nettoyage définitif. Toutes les opérations, de la mise au bain d'acide sulfurique, de la sortie de l'acide et du rinçage à l'eau doivent se faire avec de grandes précautions pour éviter les brûlures sur toutes les parties du corps et des vêtements qui pourraient être atteintes par l'acide.

Les lavages doivent avoir lieu dans un endroit isolé des gouttières ou tuyaux d'écoulement en zinc, lesquels seraient bien vite corrodés par l'eau acidulée. (*Voir* Chap. VII.)

3° *Préparation et application de la première couche.* — Prendre une des glaces, bien nettoyée et exempte de toute poussière, puis verser à sa surface (côté poli), comme si l'on collodionnait, le liquide à base d'albumine composé ainsi qu'il suit :

Albumine................... .. 180 grammes.
Eau 150   —
Ammoniaque............... .. 100   —
Bichromate de potasse........ 5   —

Avoir soin de faire dissoudre le bichromate de potasse dans l'eau et l'ammoniaque avant de l'ajouter à l'albumine.

Ce liquide sert jusqu'à épuisement, mais il est bon de ne pas le laisser vieillir au delà de 10 à 12 jours.

Il est versé à froid et avec lenteur sur la glace, afin d'éviter les bulles d'air, qui se forment très-aisément quand on agite de l'albumine ou un liquide qui en contient. L'excès du liquide est rejeté dans une cuvette et refiltré ensuite dans un récipient, où on le conserve. Chacune des glaces est traitée de la même façon et posée ensuite verticale-sur un chevalet *ad hoc* dans l'obscurité et surtout à l'abri de toute poussière.

Cette couche d'albumine, étant peu épaisse, sèche très-vite. (*Voir* Chap. IX.)

4° *Insolation ou coagulation de la première couche*. — Quand la couche d'albumine est sèche, on doit l'insolubiliser pour la rendre apte à rece-voir, sans se dissoudre, la deuxième couche sen-sible, qui sera la couche imprimante.

Si l'on use du procédé de M. Albert, on produira

cette insolubilisation en faisant agir la lumière sur la couche bichromatée, à travers l'épaisseur du verre. A cet effet, exposer le dos des glaces à la lumière diffuse pendant environ 10 minutes si le temps est clair et 20 minutes si le temps est couvert.

Si l'on a recours à un procédé de coagulation chimique, il suffit de plonger les glaces l'une après l'autre dans une cuvette contenant de l'alcool rectifié. L'albumine sera coagulée et propre à recevoir la deuxième couche sans se dissoudre. (*Voir* Chap. IX.)

Le premier moyen est plus économique et plus rapide. Après cette opération, on peut mettre les glaces dans l'étuve.

5° *Chauffage de l'étuve à 35 degrés centigrades environ.* — Avant de chauffer l'étuve, s'assurer si elle est bien propre, et, au cas où il paraîtrait y avoir de la poussière, éponger avec un chiffon ou une éponge humide toutes les parois intérieures et les panneaux du couvercle.

Arroser aussi le sol pour éviter les poussières que soulèveraient la marche de l'opérateur, les allées et venues au cours du travail. (*Voir* Chap. X.)

6° *Calage des glaces sur les vis de l'étuve à la place qu'elles devront occuper après avoir reçu la couche sensible.* — Ce calage est fait avec un niveau à bulle d'air, de manière à ramener la surface supérieure de chaque glace à l'horizontalité parfaite, le côté dépoli des glaces se trouvant en dessous.

Avant d'introduire les glaces dans le cabinet où est l'étuve, avoir soin d'enlever avec un blaireau promené sur leurs deux surfaces toutes les poussières qui pourraient y adhérer. (*Voir* Chap. X.)

7° *Préparation de la deuxième couche sensible.* — La deuxième préparation se fait autrement que la première. On met un trépied à vis calantes au milieu d'une cuvette plus grande que les glaces à préparer, puis le tout est posé sur le panneau mobile de l'étuve (*voir* Chap. IX), préalablement chauffée comme il est dit au § 5 de cette nomenclature. On met à portée de la main, sur cette même table, un verre à bec d'une capacité suffisante, un matras contenant la préparation, un blaireau et des triangles d'un papier souple et buvard.

Le liquide constituant la couche sensible est ainsi formé :

Gélatine	90	grammes.
Eau	720	—
Colle de poisson	30	—
Eau	360	—
Bichromate de potasse	15	—
— d'ammoniaque	15	—
Eau	360	—

Cette préparation doit être assez récente, du jour même ou de la veille; il faut donc n'en faire que la quantité dont on aura besoin, au moins approxi-

mativement. Au moment de s'en servir, il faut
l'amener, au bain-marie, à la température de 35 degrés et au besoin la maintenir dans ce bain pendant la
préparation des glaces, si la température de la pièce
où est l'étuve différait notablement de celle de
l'étuve.

Tout cela étant fait, on prépare successivement
chaque glace comme il est dit Chap. X, et on les laisse
à l'étuve chauffée régulièrement à 35 degrés jusqu'à
ce qu'elles soient sèches, puis, au bout de 2 heures
environ, on éteint le gaz ou l'on supprime l'action de la chaleur, quel que soit le moyen employé
pour le chauffage.

8° *Exposition sous le cliché des glaces couvertes de
la couche sensible.* — Les glaces, une fois refroidies,
peuvent être exposées immédiatement sous les clichés (*voir*, Chap. V, comment doivent être ces clichés), à l'action de la lumière, soit directe, soit diffuse, et dans des châssis disposés *ad hoc.* (*Voir*
Chap. XXI.) La durée de l'exposition varie suivant
la nature du cliché. (*Voir Photomètre*, Chap. XXI.)

9° *Deuxième insolation à travers l'épaisseur du
verre après l'action de la lumière à travers le cliché.*
— Si l'on veut augmenter à la fois la finesse du
grain et la solidité de la couche, on peut, comme
le conseille M. Despaquis, insoler à la lumière
diffuse une deuxième fois à travers l'épaisseur du
verre, en posant la plaque, la couche en dessus, et
portant sur un drap noir.

Cette insolation doit durer environ deux à cinq minutes, suivant l'éclat de la lumière. La couleur brune que prend le bichromate sous l'influence des rayons lumineux sert de guide pour arrêter l'insolation au moment opportun. On peut se passer de cette deuxième opération, mais elle ne saurait qu'ajouter de la solidité à la couche imprimante et de la finesse aux détails. (*Voir*, à l'Appendice, procédé Despaquis.)

10° *Immersion des plaques insolées dans le bain de dégorgement.* — Après l'insolation, les plaques sont posées dans les rainures d'une cuve en zinc à eau courante et souvent renouvelée; elles y restent environ 3 à 5 secondes, suivant la saison, jusqu'à ce que tout le bichromate de potasse, demeuré soluble, soit dissous.

11° *Immersion dans le bain d'alun.* — Dès que l'on est certain que les dernières traces du bichromate de potasse soluble ont disparu, on sort les glaces de la cuve à eau, et on les immerge dans une cuvette contenant le liquide ci-après :

Eau ordinaire........ .... 100 grammes.
Alun d'ammoniaque......... 2   —

Le séjour dans ce bain doit être de 5 à 10 minutes, après quoi l'on rince à eau courante et l'on abandonne à dessiccation les glaces posées verticalement sur un chevalet à larges rainures. (*Voir* Chap. XI.)

12° *Humidification des plaques avant l'encrage à la*

presse. — Dès que les surfaces imprimantes sont parfaitement sèches, on peut procéder à une opération spéciale à la deuxième partie du travail, celle relative à l'impression à l'encre grasse. Il faut tout d'abord plonger les plaques dans de l'eau ordinaire, avant de les recouvrir de la liqueur à la glycérine, comme il est dit Chap. XII.

13° *Calage sur la presse*. — Quand on croit que la couche imprimante a absorbé l'humidité nécessaire à l'impression, on nettoie avec soin la surface postérieure de la glace, de façon à enlever toute épaisseur de gélatine qui s'y serait formée lors de la deuxième préparation ; sans cette précaution, on serait exposé à briser un grand nombre de glaces, à cause du relief très-marqué que prennent ces coulures de gélatine quand elles sont gonflées par l'humidité absorbée et même à l'état sec. (*Voir* Ch. XIII.)

Ce n'est qu'une fois qu'on s'est assuré de la netteté parfaite de cette surface, qu'on porte la plaque sur le plateau de la presse en interposant, entre ce plateau et la glace, une feuille de papier buvard blanc.

Nous avons ouï dire que du papier buvard blanc plongé dans une liqueur formée de :

Benzine ou essence minérale.. 100 cent. cubes.
Caoutchouc................... 10 grammes.

employé quand le dissolvant du caoutchouc s'est évaporé, formait un excellent support, à cause

de sa souplesse ou, mieux, de l'élasticité du caoutchouc. Selon nous, rien ne vaut mieux que d'user
de surfaces absolument bien dressées, autant du
côté du plateau de la presse que de celui de la
glace ; aucune rupture n'est alors à craindre.

14° *Encrage et essai de la plaque.* — La glace bien
calée, de façon à ne pas pouvoir être déplacée par le
jeu du rouleau et par la marche du cylindre au
moment de la pression, on l'encre, comme il est dit
Chap. XV, et l'on en tire une épreuve ; puis, si l'impression n'est pas complète, on en fait une deuxième
et plusieurs autres successivement pour amener la
surface imprimante à l'état le plus convenable pour
fournir les meilleures épreuves.

Si elle s'encre bien, si les blancs restent purs,
tandis que les moindres demi-teintes sont accusées,
si enfin les noirs sont parfaitement noirs, la plaque
est bonne et l'on peut exécuter le tirage ; sinon, il
y a lieu de le suspendre et de vérifier quelles sont
les causes d'imperfection. Il peut se faire qu'elle
manque d'humidité, auquel cas on la lave à l'essence
de térébenthine, puis on la réimmerge dans de
l'eau ; ou bien elle a, au contraire, absorbé trop
d'eau : on la nettoie à l'essence et on la laisse se
sécher assez pour arriver au point d'humidité convenable. (*Voir* Chap. XV.)

15° *Tirage avec ou sans marges.* — Le tirage, sur
tel papier voulu (*voir* Chap. XIV) exige beaucoup de
précautions et de soins. Il est nécessaire, tout

d'abord, de mettre sous les yeux de l'imprimeur. comme type à comparer, une épreuve très-complète et jugée bonne.

Au fur et à mesure du tirage, on rapproche chaque impression de ce type, et il sert de base, soit pour atténuer ou pour accroître la force de l'encrage, soit pour graduer les doses d'humidité suivant que les demi-teintes tendent ou à être trop voilées ou à s'effacer.

Aucune précaution spéciale n'est requise pour le tirage sans marges; mais, pour celui avec marges, il faut agir comme cela est indiqué Chap. XVI.

Dès que les épreuves s'éloignent du type de comparaison, il faut arrêter le tirage et remplacer la plaque épuisée par une deuxième.

Après un peu de pratique, on se rendra bien vite compte de l'état de la couche, et l'on saura si elle est susceptible, après dessiccation, de fournir de bonnes épreuves, ou s'il est préférable de l'abandonner définitivement.

16° *Retouche, remontage, gélatinage, vernissage et satinage.* (*Voir*, pour ces diverses opérations, les détails qui les concernent, Chap. XVII et XVIII.)

Avant de procéder à ces diverses opérations, il est nécessaire de laisser sécher pendant une journée ou deux l'impression au vernis gras, sans quoi on s'exposerait à abîmer les épreuves encore trop fraîches, soit par le moindre frottement exercé à leur surface, soit par une pression trop grande, qui produirait la décharge d'une épreuve sur le dos de celle qui lui est superposée, et ainsi de suite. Des feuilles d'un papier mince et lisse seront utilement intercalées entre chaque épreuve pour éviter de maculer le dos des images tirées sur marge et dont le dessous doit être parfaitement propre. Pour ne pas user trop de ces feuilles d'intercalation, on pose les épreuves, face contre face, mais séparées par l'intercale, puis dos à dos sans intercale, et ainsi de suite. En agissant de la sorte, 500 feuilles intercalées suffisent pour un tirage de 1,000 épreuves.

Nous allons maintenant entrer dans le détail le plus développé, le plus complet possible, de chacune des opérations que nous venons de résumer ici; mais, avant, nous insisterons sur la question si importante des clichés propres à ces *impressions*.

CHAPITRE V

Clichés propres à la phototypie. — Diverses méthodes de renversement.

Nous ne savons qui a pu donner crédit à cette idée qu'il fallait, pour la phototypie, user de clichés durs. C'est là une erreur profonde ; ici, comme pour tous les procédés, ce que l'on appelle un *bon cliché* est toujours ce qu'il y a de mieux ; or, nous entendons par *bon cliché* un négatif dont on ne saurait dire ni qu'il est dur ni qu'il est trop doux.

Il est certain que, pour rendre aussi exactement que possible l'image d'un objet avec des valeurs et des oppositions, il convient d'employer un cliché qui soit complet ; mais, comme la perfection est difficile à réaliser dans l'obtention des négatifs et puisqu'il nous faut compter avec cette difficulté, nous conseillons de se tenir dans le sens de l'erreur du côté de la douceur, de l'harmonie générale des tons divers, plutôt que du côté inverse, qui est celui de la dureté ou des oppositions très marquées. Quiconque a l'expérience des impressions à l'encre grasse a bien reconnu que ce procédé permet d'obtenir d'un cliché doux des épreuves phototypiques d'un aspect plus brillant que ne le seraient celles qu'il produirait par l'impression, soit au chlorure d'argent, soit au charbon.

Il n'y a donc aucun inconvénient à pencher vers la douceur plutôt que du côté des oppositions vives quand on développe les négatifs destinés à la phototypie.

Une condition essentielle, c'est que ces négatifs soient sur glace et aussi qu'ils soient renversés, à moins qu'il ne soit indifférent d'imprimer l'image positive dans le sens contraire à celui de l'objet représenté.

Il y a plusieurs façons d'obtenir les clichés renversés.

1° *Cliché directement renversé sur glace.* — Pour obtenir le cliché renversé, par la seule opération ordinaire à la chambre noire, on peut recourir à trois méthodes différentes, basées sur l'emploi, soit d'un prisme, soit d'un miroir, soit enfin d'une glace sensible posée dans le sens contraire des opérations ordinaires.

Quand on se sert d'un prisme, on le place en avant et dans l'axe de l'objectif, de façon qu'il reçoive, à angle droit, l'image de l'objet à reproduire et le réfléchisse dans la chambre noire sur la glace sensible et dans le vrai sens où il est vu, c'est-à-dire redressé ; il faut, pour cela, employer des prismes d'une grande pureté et dont le prix est assez élevé. Nous avons vu employer avec succès le prisme, à Paris, dans les ateliers de cartographie du ministère de la guerre, ainsi que par M. Thiel aîné, et chez MM. Lemercier et Cⁱᵉ. Il y a alors, comme dans tous les cas où la lumière est arrêtée dans son trajet, ralentissement dans son action et pose plus longue. La surface collodionnée, quand on renverse le négatif à l'aide du prisme, doit être posée comme d'habitude. L'objet, en ce cas, est placé, non pas en face de l'objectif, mais sur le côté de l'angle droit dont le sommet serait à la place normale.

M. Derogy a eu l'idée de placer le prisme à l'intérieur de la monture, entre les deux verres de l'objectif symétrique. Dans ce cas, le prisme peut être plus petit et d'une dimension en rapport avec celle du diaphragme, et nullement avec celle du diamètre extérieur des lentilles. Il en résulte un coût bien moindre pour cet auxiliaire, et une plus grande facilité d'obtenir une matière douée d'une pureté plus parfaite.

Un deuxième moyen, indiqué récemment par M. Pereira Guimarez, de Lisbonne, mais employé bien avant lui, consiste dans l'emploi d'un miroir posé dans la chambre noire à la partie opposée à l'objectif de façon à former un angle de 45 degrés avec son axe. La glace dépolie est à la partie supérieure de la chambre. Les bords du miroir doivent s'ajuster avec les parois de la chambre, et le bord inférieur doit diviser l'angle formé par le fond et la partie inférieure de la chambre en divisant celle-ci en deux prismes rectangulaires.

C'est là une complication qu'il est trop simple d'éviter en employant le miroir comme l'indique M. Duboscq : en plaçant le miroir en avant de l'objectif avec une inclinaison de 45 degrés. L'objet est alors placé à angle droit sur le côté, comme pour le cas du prisme.

Les miroirs de M. Duboscq, à surface métallique, permettent d'éviter la double réflexion des miroirs à deux surfaces, et ils n'occasionnent qu'une faible déperdition de lumière.

On peut encore, pour obtenir le même résultat, employer le moyen qui consiste à reproduire les images à la chambre comme d'ordinaire, mais en opérant l'inversion de l'image par un simple changement dans la place qu'occupe la surface collodionnée.

On doit la poser en arrière, faisant face à la partie intérieure du volet du châssis. L'image réfléchie doit traverser l'épaisseur de la glace avant d'atteindre la couche sensible.

Il est bien entendu que la surface non-collodionnée doit être exempte de toute impureté, de toute goutte ou coulure du bain d'argent ; il faut aussi éviter d'employer des glaces dans l'intérieur desquelles se trouveraient de nombreuses bulles d'air : à chacune de ces bulles, comme en regard de chaque impureté, se trouverait une tache dans le négatif.

Pour ne pas être astreint à tenir compte de l'épaisseur des glaces afin de retrouver le plan où se forme l'image sur la glace dépolie, posée comme elle l'est normalement, nous conseillons de faire exécuter, pour les négatifs renversés, un châssis spécial dans lequel on posera une glace dépolie volante, le côté dépoli regardant l'opérateur durant la mise au point. L'image, traversant l'épaisseur du verre, viendra se former sur l'écran dépoli à la place exacte du plan qu'occupera la surface collodionnée de la glace posée de la même façon et dans la même rainure. On place la glace de dedans en dehors au lieu de la poser de dehors en dedans comme d'habitude, et des *tourniquets flexibles* en tiennent les quatre angles.

On pourrait bien encore avoir une glace dépolie, posée à rebours, dans un châssis *ad hoc* et ajustée pour correspondre exactement au plan de la glace collodionnée, mise elle-même à l'envers, dans un autre châssis.

Il va sans dire que le châssis qui doit recevoir des glaces collodionnées posées à l'envers ne peut être muni, au centre du volet d'un ressort compresseur, en cuivre qui applique la glace contre la rainure. On obvie à cette suppression par quatre tourniquets

4.

faisant ressort, lesquels sont posés du côté intérieur du châssis, de manière à porter sur les quatre angles de la glace, avec très-peu de prise, pour en diminuer la surface utile le moins possible. C'est, en un mot, la rainure qui est renversée.

La durée de l'exposition est plus grande en opérant à travers l'épaisseur de la glace que si les rayons réfléchis frappent directement sur la couche sensible. Une partie de ces rayons est évidemment réfléchie par la première surface de la glace, et puis encore par la deuxième, avant d'atteindre le collodion sensible. Nous évaluons, en moyenne, à un tiers, la perte de l'intensité lumineuse. Il faut donc exagérer d'un tiers la pose qu'exigerait la même opération exécutée directement.

Dans les deux premiers cas, il y a aussi déperdition dans l'intensité de l'action lumineuse.

Ce dernier mode de renversement des clichés est celui qui nous paraît être le plus direct et le plus simple quand on a à produire des négatifs en vue de la phototypie, mais il arrive souvent que des clichés faits directement, soit sur verre, soit sur glace, doivent être imprimés à l'encre grasse ; il est indispensable alors de les retourner.

2° *Redressement des clichés par enlèvement pelliculaire.* — Plusieurs moyens peuvent être adoptés pour obtenir le renversement des clichés directs.

Le plus fréquemment employé est celui qui a pour objet l'enlèvement du collodion portant l'image négative, de son support glace ou verre, et sa transformation en un cliché pelliculaire utilisable, soit d'un côté, soit de l'autre.

Voici comment on procède à cet enlèvement pour les clichés récemment exécutés et non encore vernis.

On fait une dissolution ainsi composée :

Gélatine ordinaire	35	grammes.
Sucre	6	—
Eau	500	—
Glycérine	5	—
Alcool ordinaire	100	—

Il faut avoir soin de n'ajouter l'alcool que peu à peu, et en agitant toujours, afin d'éviter la coagulation de la gélatine, que produirait l'introduction immédiate d'une trop grande quantité de ce liquide.

Le cliché est posé bien horizontalement sur un pied à caler, et le liquide ci-dessus versé à sa surface, de façon à présenter une épaisseur de 2 à 3 millimètres; dès que cette couche a fait prise, on la met à l'abri de toute poussière, soit dans une boîte à chlorure de calcium, soit dans un cabinet garanti contre tout courant d'air, où elle sèche spontanément.

Dès que la dessiccation sera complète, on pourra procéder à l'arrachement de la pellicule, qui entraînera avec elle le négatif; pour cela faire, on coupe avec une pointe fine les quatre bords de la pellicule, et puis, soulevant un angle, on l'enlève d'un mouvement continu.

DEUXIÈME MÉTHODE. — Le liquide dont nous venons d'indiquer la formule est versé à la surface du cliché comme si on le collodionnait. On le laisse égoutter en le posant verticalement sur un chevalet, puis, quand cette légère couche est sèche, on verse de la même façon à sa surface le collodion dont voici la formule :

Coton-poudre......	30	grammes.
Alcool..	500	—
Éther...............	500	—
Huile de ricin........'.	15	—

On pose enfin la glace sur un pied à caler, et l'on verse à sa surface, et cette fois en quantité suffisante pour fournir une couche résistante après dessiccation, le liquide dont nous avons donné la formule dans la première méthode d'enlèvement. On coupe tout autour, et l'on enlève ensuite, comme il vient d'être dit.

Cette deuxième façon d'opérer est un peu plus compliquée, mais elle fournit des clichés pelliculaires plus solides et d'une conservation mieux assurée.

Ces deux moyens sont propres aux clichés qui viennent d'être exécutés et qui n'ont point encore été vernis. Il en est un troisième, applicable à ces mêmes clichés et qui consiste dans l'emploi d'une pellicule de gélatine collodionnée toute prête à l'avance, que l'on applique sur la surface du cliché, préalablement recouverte d'une nappe de gélatine très-claire. On évite, autant que possible, les bulles d'air, puis, avec une raclette (*fig.* 1), on

Fig. 1.

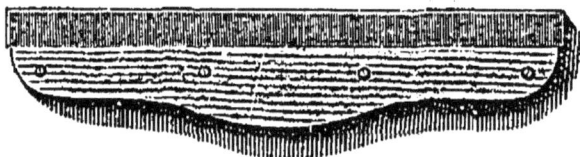

chasse l'excès du liquide emprisonné entre le cliché et la surface intérieure de la pellicule. L'adhérence s'établit, on laisse sécher, puis on enlève comme d'habitude.

M. Stebbing est parvenu à produire des pellicules, propres à ce mode d'enlèvement, de grandes dimensions et d'une régularité parfaite.

Il est quelquefois préférable, surtout si l'on craint d'avoir affaire à des collodions pulvérulents, de faciliter l'arrachement de l'image négative par une opération préalable à celles que nous venons d'indiquer.

On immerge le cliché à retourner dans un bain composé d'eau additionnée de 5 pour 100 d'acide chlorhydrique.

Au bout d'un certain temps d'immersion, on remarque que la couche perd son adhérence au verre. Elle tend à se soulever partout ; et, quand on a la certitude, ce qu'il est facile de vérifier, que le

liquide circule partout entre le verre et la pellicule
de collodion portant l'image négative, on sort le
cliché du bain, avec précaution, de façon à éviter
un glissement de la pellicule sur la glace ou sur le
verre, puis on rince dans de l'eau pure et on laisse
sécher. On procède ensuite aux autres opérations
que nous venons de décrire.

En agissant de la sorte, l'enlèvement s'exécute
avec une certitude plus grande.

Retournement des anciens clichés vernis. — Quand
il s'agit de renverser des vieux clichés, il est peu
prudent de leur appliquer l'une des méthodes
qui précèdent, non pas qu'elles ne réussissent
souvent, même appliquées à d'anciens clichés
vernis. Il faudrait, dans tous les cas, les dévernir
d'abord, ce qui est une opération dangereuse, et
puis courir encore le risque de compromettre les
négatifs, dont l'arrachement se produira plus difficilement; il vaut mieux alors ne pas s'exposer à la
perte de l'original et procéder à un retournement
indirect par la production à la chambre noire d'un
nouveau négatif tiré d'une bonne épreuve positive
au charbon.

On ne peut espérer, dans ce cas, avoir une
finesse et une pureté égales à celle du cliché original; mais, entre deux maux, il faut choisir le
moindre.

On peut encore, par voie indirecte, produire des
contre-types renversés et sans recourir à la cham-

bre noire, en les exécutant par la méthode dite à la plombagine, recommandée par notre confrère habile, M. Geymet, et pratiquée avec succès à Munich et en Allemagne.

Pour cela faire, on prépare d'abord le liquide ci-après, dont nous empruntons la formule à M. Geymet :

Eau............................	1 litre	
Gomme arabique...............	50	grammes.
Glucose......................	100	—
Sucre........................	20	—
Eau saturée de bichromate d'ammoniaque...............	250	—

Cette liqueur, après avoir été parfaitement filtrée, est employée dans les 3 ou 4 jours au plus de sa préparation, au risque de lui voir perdre ses qualités. On la verse sur les glaces bien exemptes d'impuretés et de poussières comme si on les collodionnait, et on les laisse égoutter un instant, l'arête inférieure portant sur des feuilles de papier buvard, puis on les sèche rapidement à la flamme d'une lampe à alcool.

Chaudes encore, elles doivent être employées immédiatement, surtout si l'atmosphère est chargée d'humidité et si le temps est froid.

Par un temps sec et chaud, l'opération ne marche pas mieux.

L'insolation a lieu à la lumière diffuse et elle est d'une durée que l'on ne peut déterminer qu'à rai=

son du degré de transparence plus ou moins grande du cliché à reproduire.

Après une insolation suffisante, on porte la face insolée dans le laboratoire et, à l'abri de la lumière, on promène à sa surface un blaireau chargé de plombagine (graphite en poudre impalpable).

L'image apparaît d'abord faiblement; mais, au bout de quelques instants, l'humidité de l'air ambiant ayant agi plus activement sur les parties non insolées ou peu insolées de la préparation, la plombagine se trouve attirée et retenue en plus grande quantité et l'on voit l'image monter en intensité graduellement, jusqu'au moment où elle arrive à être l'exacte reproduction du cliché-type lui-même.

Il vaut mieux pécher par un petit excès de pose à la lumière que par le défaut contraire. Mais le mieux est d'être dans les limites exactes d'une image complètement venue sans l'être trop.

Par les temps froids et humides, il convient, pour éviter un voile qui pourrait se former à la surface de la préparation, au début du développement, de chauffer légèrement la plaque retirée de la lumière, et avant de la saupoudrer de plombagine. Par un temps très sec, il est nécessaire, quelquefois, pour favoriser la réaction, de placer la plaque dans un lieu humide pendant quelques minutes, soit dans une cave, soit dans une boîte contenant quelques feuilles de papier mouillé.

On conçoit sans peine que le cliché ainsi obtenu soit l'exacte reproduction du premier type. Ce sont, en effet, les parties de la préparation non insolées qui attirent la poudre noire, puisque celles qui traversent les blancs du cliché cessent d'être déliquescentes par suite de l'action de la lumière sur la liqueur bichromatée. Aux noirs du cliché correspondront donc des parties où la préparation se noircira, et l'on aura, en définitive, produit directement un négatif avec un négatif, et, de plus, ce deuxième négatif se trouvera renversé.

Il est inutile de répéter encore que ces opérations doivent toutes se faire sur des glaces de Saint-Gobain, et non sur des verres.

Les clichés à la plombagine se vernissent tout comme les autres. Nous avons vu des contre-types ainsi obtenus, et dont la valeur était bien près d'égaler celle des types originaux.

La nécessité où l'on est d'employer des clichés renversés, pour les tirages phototypiques, donne une importance sérieuse à tous les moyens sûrs et réguliers de redresser les images renversées par les impressions habituelles à la chambre noire. Il est d'autres méthodes, mais celles que nous venons de décrire suffiront bien dans le plus grand nombre de cas. Pourtant, il nous paraît utile d'indiquer encore d'autres procédés qui, ayant été expérimentés par des hommes d'une compétence incontestable, doivent offrir de sérieuses qualités.

C'est d'abord : le *procédé de M. Jeanrenaud* :

Après qu'on a fixé et lavé le cliché, il est mis dans une cuvette contenant de l'eau acidulée d'acide chlorhydrique à raison d'environ 8 c. c. d'acide pour 100 gouttes d'eau. On lave au sortir de ce bain, qui, comme nous l'avons dit plus haut, facilite le décollage du collodion.

On fait ensuite au bain-marie le mélange suivant :

Gélatine....................	20 grammes
Eau........	100 c. c.
Glycérine............... ...	3 à 4 —

La glace, le cliché en dessus, étant posée très horizontalement sur un pied à niveler, après qu'on l'a chauffée sur un vase d'eau bouillante et qu'elle a été recouverte d'une buée légère sur le collodion, on verse à sa surface le liquide ci-dessus, chaud, et dans le rapport en quantité de 75 à 80 c. c. pour une épreuve de 21×27. Une pipette graduée permet de mesurer les quantités versées.

Quand cette couche est parfaitement sèche, on en recouvre la surface avec le collodion suivant :

Alcool...................	100 c. c.
Ether.... . . .... :	200 —
Glycérine............. . . .	5
Coton.....	5 grammes

Le collodion une fois sec, on coupe la gélatine près des bords, et on l'enlève, entraînant avec elle le cliché.

Au cas où les glaces seraient vernies, il faudrait les dévernir au préalable avec un grand soin.

Procédé de M. Walter Woodbury. — Après avoir terminé un cliché et l'avoir bien lavé et séché, on plonge pendant quelques secondes dans de l'eau froide une feuille de papier gélatiné. Pendant qu'elle est dans l'eau, on glisse le négatif sur elle, on enlève le tout ensemble en évitant les bulles d'air et en facilitant l'adhérence comme dans le procédé au charbon.

Dès que la gélatine a bien adhéré au cliché, et tandis qu'elle est encore humide, on la détache du verre et on l'abandonne à la dessiccation; les pellicules, une fois sèches, sont serrées dans un album pour en faciliter le transport.

La plaque qui portait le négatif peut servir de nouveau; on peut, si on le veut, reporter ensuite cette pellicule sur verre, et, pour cela, on couvre une plaque de dimension convenable d'une couche formée de :

Gélatine............	10 grammes
Eau........	200 —
Alun de chrome............	0,02 centigr.

On laisse sécher, puis on plonge dans l'eau froide le papier qui supporte l'image, sur laquelle on glisse la plaque gélatinée. On sort le tout; on rejette avec une raclette l'excès du liquide interposé et on laisse sécher.

On plonge ensuite dans de l'eau chaude, pour ramollir la couche de gélatine qui existe entre le cliché et le papier, et celui-ci se détache aisément. On laisse bien sécher et l'on vernit comme d'habitude.

Ce procédé revient, en ce qui constitue l'enlevage, à celui que nous avons indiqué plus haut, et il est préférable d'employer, au lieu de papier, une couche de gélatine de M. Stebbing. On a ainsi l'avantage d'avoir un cliché propre à servir renversé et à être redressé plus tard si cela est nécessaire.

Procédé de M. Chardon. — Le moyen qu'a indiqué M. Chardon est un composé des divers modes que nous venons de décrire : il use de feuilles de gélatine, isolées de leur support d'exécution, après qu'elles ont été recouvertes d'une couche de collodion à l'huile de ricin.

Au moment d'en user, on coupe une de ces feuilles de la dimension de la glace, on plonge le cliché, puis les pellicules dans l'eau, et on les en sort réunis, le côté gélatiné en contact avec le cliché. On chasse l'eau en excès, et l'on soumet à une légère pression, comme celle d'un châssis positif, puis on laisse sécher, et, quelques heures après, la pellicule est facile à détacher en entraînant le cliché avec elle.

C'est, on le voit, un procédé semblable, à très-peu près, à l'un de ceux qui précèdent.

Procédé de M. Michaud. — La manière de redresser les clichés photographiques indiquée par M. Michaud, bien que se rapprochant de tous ceux qui précèdent, mérite pourtant d'être citée ici :

Sur un bain de gélatine à 5 pour 100 d'eau bien filtrée et maintenue liquide à une douce chaleur de bain-marie, il applique sans bulle une pellicule de collodion-cuir fixée par deux punaises à une petite baguette rectangulaire en bois ; il la relève de façon à avoir une nappe liquide uniforme. Après avoir passé ainsi une série de pellicules de collodion riciné, et les avoir mises à sécher, posées convenablement dans un milieu plutôt tiède que froid, il les plonge successivement dans une dissolution d'alun à 50 grammes pour un litre d'eau, et il les y laisse 2 minutes. Elles sont, au sortir de l'alun, rincées à l'eau, mises à sécher et conservées après dans un cahier de buvard.

Le cliché à redresser, après les opérations du fixage et du lavage, est mis dans une cuvette d'eau ; la pellicule de gélatine est posée dans une autre cuvette d'eau avec une feuille de papier ciré un peu plus grande.

On applique alors la pellicule, par son côté gélatiné, sur le cliché ; on soulève, en évitant les bulles interposées ; on applique par-dessus la feuille cirée et l'on donne un coup de raclette.

La feuille de papier cirée est enlevée pour servir à d'autres opérations, et le cliché est posé dans un

5.

châssis-presse, la pellicule portant contre un coussin épais de buvard. On ferme les traverses du châssis et l'on expose le tout ainsi, soit à la chaleur de l'air, soit à celle d'une étuve.

La dessiccation une fois complète, il n'y a plus qu'à placer le cliché dans une cuvette d'eau chaude, où, après une demi-heure d'immersion, on peut enlever facilement l'épreuve pelliculaire. Si cette dernière était, à cause de sa faible épaisseur, d'un maniement difficile, on pourrait la poser, aussitôt après l'enlèvement, sur une glace préalablement gélatinée, en opérant sous l'eau, bien entendu, et chassant, avec une raclette, l'excès du liquide interposé.

Du *papier ciré* pourrait aussi, dans certains cas, tenir lieu de la pellicule d'enlèvement.

D'une manière générale, quand on fait des clichés en vue de les enlever de la glace qui les porte, il faut talquer cette glace avant de la collodionner ; sans quoi, l'arrachement de la pellicule pourrait être plus difficile, et l'on serait exposé à des accidents.

Nous avons dit, au début de ce chapitre, quelles étaient les qualités requises pour les clichés destinés à fournir des impressions phototypiques ; nous devons revenir sur cette question, en recommandant d'éviter, autant que possible, de renforcer le cliché au delà de sa venue franche.

Généralement, quand on renforce un cliché, les

noirs augmentent d'intensité, tandis que les blancs restent intacts, et il en résulte une dureté nuisible au succès, une atteinte à l'harmonie et à l'exactitude, l'effet produit n'étant plus l'effet immédiat des rayons réfléchis sur la plaque sensible.

Quand on opère au collodion humide, le simple développement au sulfate de fer légèrement additionné de nitrate d'argent, pour augmenter un peu l'intensité ou l'opacité générale, suffit, sans que l'on ait recours à un renforcement à l'acide pyrogallique.

Il est un moyen d'obtenir des clichés négatifs donnant des valeurs relatives assez exactes, en dépit d'un temps de pose prolongé, de façon à obtenir l'impression des couleurs réfractaires, et sans que les parties de l'image sur-exposées se trouvent altérées. Il consiste à employer, au commencement du développement, une quantité d'argent moindre que celle qui se trouve dans la plaque.

On arrive à ce résultat en ajoutant une petite quantité d'iode libre au révélateur de 1/2 à 10 centimètres cubes d'une solution alcoolique à 1ᵍʳ 1/2 d'iode pour 100 centimètres cubes d'alcool.

L'iode forme de l'iodure d'argent avec une partie du nitrate qui est contenu dans le collodion, et paralyse ainsi l'effet que produirait, au moment de sa réduction, le nitrate d'argent libre. L'activité du révélateur se trouve ainsi réduite. De la sorte, dit M. Nelson Cherrill, auquel nous empruntons

cette idée, parfaitement rationnelle et d'une application très pratique, on peut avantageusement
doubler et même tripler le temps de pose d'une
glace au collodion humide, sans arriver, dans les
grandes lumières, à une intensité trop grande.

Il est certain que ce moyen, appliqué au développement des glaces sèches, ne produirait pas le
même résultat, puisque, dans les procédés secs, les
glaces sont débarrassées de tout nitrate libre ; il
faut alors introduire dans le collodion, que ce soit
une émulsion ou un collodion simplement ioduré
une petite quantité de coraline, substance qui le
colore en jaune et laisse pénétrer les rayons co-
lorés, rouges et jaunes, tandis que les rayons les
plus actiniques sont retardés dans leur action.

L'introduction de la coraline dans le collodion
porte atteinte, il est vrai, à sa sensibilité générale ;
mais il est facile de remédier à ce petit inconvénient
par l'emploi d'un diaphragme à peine plus grand
que celui dont on userait avec un collodion d'une
sensibilité normale.

En fournissant ces données, nous sommes mû
par la pensée de guider les opérateurs vers l'exécution de clichés harmonieux, et rendant, autant
que possible, les effets lumineux de l'objet à reproduire dans un rapport à peu près égal à celui qui
existe sur ses divers points et suivant ses diverses
couleurs. C'est là une des questions essentielles des
opérations négatives.

CHAPITRE VI

Nature du support à employer.

Nous dirons tout de suite que le meilleur support *rigide* à employer pour les impressions phototypiques est, selon nous, la glace d'une épaisseur de 8 à 10 millimètres environ.

Nous avons essayé des supports métalliques, mais avec moins de succès, et voici pourquoi :

1° Il est difficile et coûteux d'arriver à planer parfaitement une surface de métal, zinc ou cuivre surtout, et cette difficulté est notablement accrue quand il s'agit de surfaces assez grandes.

Or, la planimétrie des deux surfaces à mettre en contact, celle du négatif d'une part, et de l'autre celle de la couche de gélatine bichromatée, est rigoureusement nécessaire à l'exécution d'une image bien nette.

La moindre dépression du support se traduit, à l'impression de l'image, par une partie *floue*, résultant de la diffusion des rayons, dans l'intervalle, si restreint qu'il soit, qui existe entre le cliché et la couche sensible (¹).

2° Le nettoyage des surfaces métalliques recouvertes de gélatine est plus difficile que celui des surfaces de verre, que l'on peut plonger impunément dans un acide d'une action énergique, ou dans une solution très caustique, pour détruire la couche organique, et rincer ensuite à l'eau, pour avoir une nouvelle surface très nette et très plane.

Dans le cas des métaux, il y a à lutter contre les actions chimiques provenant, soit des réactifs employés au nettoyage, soit de la couche elle-même de gélatine, additionnée d'un bichromate; il y a, en outre, à craindre les déformations qui peuvent se produire dans la planimétrie de la surface durant les opérations du nettoyage.

3° La transparence des glaces permet de suivre mieux la venue de l'image, et d'apprécier avec plus de certitude le temps d'exposition à la lumière.

Elle donne encore la faculté, précieuse dans certains cas, d'accroître la solidité de la couche de

---

(¹) M. Quinsac trouve dans l'emploi des plaques métalliques un avantage provenant de la souplesse même du métal, qu'il peut, par une pression suffisante, rapprocher des divers points de la surface du cliché, fût-elle dépourvue d'une planimétrie parfaite. Il obvierait ainsi à la difficulté d'employer des clichés négatifs sur verre. — Il nous semble, peut-être à tort, que l'on doit être exposé ainsi à de fréquentes ruptures de clichés.

gélatine et la finesse de l'image par une insolation
à travers l'épaisseur même de la glace.

4° Durant les tirages, grâce à la transparence de
la glace, on peut, quand elle est posée sur une
surface blanche, voir si l'encrage est complet, si
l'image est bien dépouillée de tout voile dans les
blancs. On en juge mieux ainsi que si elle se forme
sur du cuivre ou sur du zinc, dont la couleur,
assez sombre, permet moins facilement de lire dans
les demi-teintes légères.

La pierre lithographique peut elle-même servir
de support rigide à la couche de gélatine bichromatée, mais son emploi est peu aisé; pour peu
qu'il s'agisse d'une image assez grande, on a à
remuer une masse fort lourde, et les opérations ne
s'effectuent plus avec la même facilité que sur des
glaces d'une épaisseur et d'un poids infiniment
moindres. Ici encore se présentent les inconvénients résultant de l'opacité du support et de la
difficulté du nettoyage.

Des feuilles de papier recouvertes d'une couche
de gélatine sensibilisée peuvent servir de support;
mais dépourvu, en ce cas, de rigidité, et dont
l'emploi ne saurait s'étendre à un tirage mul-
tiple.

Cette sorte de support peut servir pour les reports
que l'on a à faire, soit sur métal (zinc ou cuivre), où
l'on veut déposer une réserve photographique, en
vue d'un travail ultérieur de gravure, soit sur

pierre lithographique, où le corps gras, ainsi transporté, constitue la planche d'impression, que l'on tire alors, tout comme si l'image avait été préalablement dessinée à la main sur la pierre, à l'aide du crayon ou de la plume lithographique.

Certains tissus peuvent constituer des supports flexibles et servir à des impressions rapides et continues, tout en présentant une solidité que n'offre pas le papier. Il y a lieu de les garnir d'un apprêt pour éviter la granulation inhérente à tout tissu. Certaines toiles cirées, que l'on trouve à acheter partout, sont dans de parfaites conditions pour servir de support flexible, solide, imperméable et d'une planimétrie suffisante dans certains cas industriels.

Mais nous aurons à revenir sur la façon spéciale de préparer les couches de gélatine bichromatée suivant la nature des supports adoptés.

Il est évident que les manipulations ne sauraient être les mêmes suivant que l'on a recours à des surfaces rigides ou à des surfaces flexibles et qu'il y a lieu d'étudier quelle est, dans chacun des cas, la façon d'opérer la plus commode et la plus rapide ([1]).

On a encore conseillé l'emploi de minces feuilles d'étain, mais il en est de ce substratum comme

([1]) Voir, à l'Appendice, le procédé de M. Léon Vidal.

des feuilles de papier : on ne peut en user que pour un tirage de quelques épreuves, en vue d'un report sur pierre et sur zinc, et ces supports sont plus propres à la gravure phototypographique qu'à la phototypie proprement dite.

CHAPITRE VII

Choix, arrangement et nettoyage des glaces phototypiques.

Les glaces doivent être choisies parmi les morceaux qui ont une épaisseur assez régulière et qui sont exempts de bulles d'air. Il serait impossible d'en trouver beaucoup dont l'épaisseur serait égale dans tous les sens; mais une petite différence importe peu.

Une des surfaces doit être dressée, sur une autre glace parfaitement plane, avec de l'eau contenant de l'émeri très-fin, dit fleur d'émeri. On promène circulairement une glace contre l'autre, et, quand toute la surface à dresser est entièrement dépolie ou doucie, on peut être certain que son adhérence contre une autre plaque dressée, ou contre toute surface horizontale parfaitement plane, sera complète.

Cette précaution est très utile pour éviter la rupture des glaces, résultat inévitable du moindre défaut de planimétrie.

Une fois les glaces dressées d'un seul côté, on rode les bords avec une lime ou, mieux, en les promenant sur une meule de grès en mouvement. Les arêtes vives et les angles doivent être abattus, de façon à être remplacés par un bord arrondi comme on le voit dans la *fig.* 2 :

Fig. 2.

Il faut éviter autant que possible de rayer la surface polie, soit lors du grainage de la plaque, soit dans l'emploi et le nettoyage des glaces.

Comme c'est la surface polie qui doit recevoir la couche sensible, il faut la nettoyer avec le plus grand soin et surtout la dégraisser avec de l'ammoniaque liquide.

Quand une extrême finesse n'est pas nécessaire, on peut user de la surface doucie ; cela vaut mieux pour les travaux très courants, car on obtient ainsi plus de solidité, et le nettoyage est moins délicat à faire, parce que l'on peut toujours repasser cette surface à l'émeri et faire disparaître ainsi les éraillures qui auraient pu se produire sur divers points.

Ce doucissement doit être très-fin, pour que le grain ne se retrouve pas à l'impression, se traduisant par de petits points noirs, qui, si imperceptibles

qu'ils soient, s'ajoutent au grain, propre à la vermiculation de la gélatine, et enlèvent un peu de
finesse, de netteté et de transparence à l'image.

Cela ne fait rien quand il s'agit de reproduction
de dessins au crayon et de sujets assez grands,
mais, pour des images où il faut beaucoup de
finesse et de rigidité, on ne saurait trop se préoccuper de supprimer toute granulation apparente.

Quand les glaces ont servi, il faut, pour les débarrasser de leur couche de gélatine, les immerger
dans une dissolution très concentrée de carbonate
de soude ou dans de l'acide sulfurique ordinaire.
Une cuvette en plomb, à rainures, est placée à cet
effet dans un lieu convenable, c'est-à-dire en dehors
du laboratoire où se font les travaux ordinaires,
et à proximité d'une fontaine à eau courante ou
d'un réservoir d'eau, suffisant pour le premier
lavage, après que la couche organique qui recouvre
les plaques à nettoyer a été complètement détruite.

On remplace l'acide ou la solution concentrée de
carbonate de soude, quand on s'aperçoit, qu'après
une immersion de 12 heures, la couche de gélatine
n'a pas complètement disparu ou reste trop fortement adhérente à la glace.

Ce nettoyage doit être confié aux soins d'une
personne très prudente, surtout quand on use
d'acide sulfurique, corps très dangereux à manipuler et dont il faut éviter le contact. Nous le préférons aux sels caustiques, parce qu'il enlève en-

tièrement la couche de matière organique. On n'a plus qu'à rincer les plaques à l'eau et à les soumettre à un dernier nettoyage avec un chiffon propre et doux, puis à l'ammoniaque liquide. On essuie bien soigneusement, en ayant soin de ne jamais poser les doigts sur la surface destinée à recevoir la préparation.

Ces opérations doivent se faire, autant que possible, hors de l'endroit où est l'étuve et où seront versées, sur les glaces, les diverses couches sensibles, à cause de la poussière qui naît toujours du maniement des chiffons, de la ouate, etc.

Les deux surfaces doivent être également bien nettoyées, mais il est indifférent que les doigts portent sur la surface inférieure à celle qui devra recevoir la couche de gélatine.

CHAPITRE VIII

**Supports de la couche imprimante autres que le verre,
et leur emploi,
suivant qu'on use de la pierre lithographique,
du cuivre, du zinc ou du papier.**

Dans le Chapitre qui précède, nous nous sommes
occupé spécialement du verre, comme support rigide de la couche de gélatine, et nous avons dit
que c'est la nature de support à laquelle nous donnons la préférence. Il n'en est pas moins utile d'indiquer les autres supports, rigides ou flexibles,
dont on se sert ou dont on peut se servir, suivant
le genre de travail à exécuter.

La première préoccupation de M. Poitevin, lorsqu'il découvrit la possibilité d'imprimer des images à l'encre grasse, à l'aide de la gélatine bichromatée, fut de se rapprocher le plus possible des
conditions ordinaires de la lithographie en adop-
tant, comme support, la pierre lithographique
elle-même, soit imprimée directement, soit recevant, à l'état de report, l'image photographique

encrée et imprimée directement, par les rayons
lumineux, sur un support flexible provisoire, tel
que du papier, par exemple.

Les idées de M. Poitevin furent mises en pratique, pendant assez longtemps, dans la maison Lemercier, où l'on a produit ainsi une grande collection d'œuvres remarquables, et, depuis, elles ont été
appliquées dans d'autres maisons. Chez M. Geymet,
la plupart des impressions phototypiques s'exécutent encore sur pierres lithographiques.

La préparation de la pierre lithographique propre à recevoir l'impression lumineuse directe à
travers le cliché est des plus simples. On fait une
dissolution saturée de bichromate de potasse dans
de l'albumine pure préalablement battue en neige,
et l'on étend quelques gouttes de cette liqueur à la
surface d'une pierre bien dressée et poncée, de façon à en recouvrir toute l'étendue. On enlève tout
l'excès du liquide avec un chiffon propre et sans
craindre de frotter énergiquement, de façon à faire
pénétrer le liquide dans les pores de la pierre. On
arrive ainsi à donner un léger poli à la surface de
la pierre. Si on laissait trop de cette préparation,
l'image serait peu nette; il suffit de tout ce qui a
pu pénétrer dans les pores très fins et très resserrés
de la pierre. Cette surface sensible peut être employée quelques instants après. Il est bien entendu
que cette opération se fait à l'abri de la lumière.

L'exposition sous le cliché a lieu dans un châssis

d'une profondeur capable de recevoir la pierre
lithographique dès qu'elle est bien sèche, et le
temps de pose varie suivant que le cliché est plus
ou moins transparent. Quand l'insolation est suffisante, on s'apprête à développer l'image, pour ainsi
dire, en posant la pierre sur le plateau d'une presse.
On l'encre sur toute sa surface bien également, et
puis on mouille la surface encrée avec un mélange
d'eau additionnée de 2 grammes de gomme et de
2 grammes d'acide nitrique pour 100. Ce mouillage
doit être rapide. Après quoi, sans perdre une seconde, on prend un rouleau lisse, non encré, et on
le promène vivement sur la pierre, comme si l'on
avait à l'encrer. L'encre s'attache au rouleau et
quitte les parties de la pierre là où doivent être des
blancs. Peu à peu, on voit le dessin se dégager, et il
reste enfin marqué en noir, se détachant nettement
sur le fond de la pierre, qui est jaunâtre. Nous
n'indiquons, ici, que très sommairement ce procédé spécial, sur lequel nous aurons lieu de revenir dans un travail entièrement consacré à la photolithographie. Il a été reconnu que ce support
direct ainsi traité ne valait pas les glaces ou les
plaques de cuivre et de zinc pour les impressions
des épreuves à demi-teintes, et il s'applique plus
spécialement aux reproductions d'images avec
traits.

Les tirages phototypiques sur cuivre sont très
souvent préférés à ceux sur glace, et l'opinion de

plusieurs praticiens est plus favorable à l'emploi
du métal, parce que ce dernier n'est pas susceptible de rupture et aussi parce qu'il dispense d'une
deuxième couche.

C'est l'avis de MM. Tessié du Motay et Maréchal,
de Metz, et de M. Geymet; c'est aussi celui de
M. Quinsac, de Toulouse. Selon ces messieurs, les
couches sur cuivre seraient d'une solidité à toute
épreuve, où aucun soulèvement ne se produit,
même quand il survient une déchirure accidentelle; de plus, dit M. Quinsac, la finesse, la vigueur
et la fraîcheur des épreuves sont plus grandes. Le
maniement du métal serait d'ailleurs plus facile.

Nous ne saurions dire ce qu'il y a d'absolument
certain dans tout cela en dehors de la simplification du procédé réduit à l'emploi d'une couche au
lieu de deux. Pourquoi les épreuves sur plaques de
cuivre auraient-elles plus de finesse et plus de vigueur, pourquoi cette fraîcheur plus grande? Ce
qui est certain, c'est que ces opérateurs sont fort
habiles; c'est que M. Quinsac, notamment, travaille admirablement; il obtient des résultats par-
faits, et il en conclut que cela tient au procédé qu'il
suit. Pour nous, qui avons vu des travaux sortant
d'autres mains tout aussi habiles, de celles, par
exemple, de MM. Albert et, surtout, de M. Obernetter,
de Munich, qui, eux, emploient les glaces comme
supports, nous sommes conduits, oubliant d'ailleurs nos observations et travaux personnels, à re-

connaître que l'habitude opératoire joue un rôle très important dans la pratique de ce procédé, et qu'on arrive également à des œuvres d'une grande valeur, que l'on use d'un support ou d'un autre. Nous persistons à préférer le verre, pour les motifs que nous avons donnés plus haut, et nous laissons ensuite les opérateurs, qui étudieraient les procédés divers, juges de la question et libres, suivant qu'il réussissent mieux d'une façon ou d'une autre, de choisir le moyen qui leur offre le plus de facilité.

Les plaques de cuivre doivent être d'abord planées et puis grainées. Quoique le cuivre soit flexible et que l'on puisse, par une pression suffisante, redresser un défaut de planimétrie provenant, soit du cliché, soit de la plaque elle-même, il ne faut pas trop compter là-dessus ; le mieux est de s'assurer d'un contact intime en employant des surfaces bien planées. C'est là une opération longue et délicate et qui est pour beaucoup dans le peu de sympathie que nous professons pour les supports métalliques.

Les plaques, après avoir été planées, sont grainées finement pour donner à la couche plus de solidité; elle s'y attache mieux ainsi, et ce grainage n'offre aucun inconvénient final.

La couche sensible est étendue sur le cuivre comme sur le verre et dans une température assez élevée pour que l'on puisse forcer davantage le degré du bichromate de potasse sans courir le risque de le voir se cristalliser à la surface de la gélatine, ce qui arriverait certainement pour un liquide un peu concentré et qui ne sécherait pas rapidement.

L'adhérence de la couche à la plaque de cuivre sera d'autant plus forte que la quantité de bichromate introduite dans la couche sera plus considérable. On peut aller jusqu'à 5 grammes pour 100. Il faut, pour arriver à une dessiccation prompte, ajouter le moins d'eau possible à la gélatine.

La couche dont on a recouvert les plaques doit d'ailleurs être assez mince, sans quoi elle perdrait de sa solidité.

Le dégorgement, puis les opérations de l'encrage et du tirage, s'exécutent comme il a été dit au sujet des impressions sur glace; il serait inutile d'y revenir ici. Les mêmes précautions sont nécessaires; il n'y a de modifié que le nettoyage des plaques, qu'il faut faire dans un liquide capable d'attaquer la gélatine sans porter atteinte au métal. On doit employer une solution concentrée de bicarbonate de soude, et un lavage à grande eau suivi d'une dessiccation rapide, au feu même, pour éviter une oxydation de la surface.

L'emploi du zinc est moins répandu. On traite ce support absolument comme le cuivre, mais nous doutons que l'on arrive jamais à obtenir en l'employant une pareille solidité. Sa couleur elle-même est moins favorable à la perception des demi-teintes lors de l'encrage, et le seul avantage que l'on peut trouver dans l'emploi de ce métal, c'est son coût moindre ; or, c'est là une question de peu d'importance dans un procédé qui n'emploie ces supports métalliques ou autres qu'à l'état transitoire. Le cuivre a d'ailleurs toujours sa valeur, et l'économie qu'on réalise ainsi n'est point à comparer avec l'*infériorité des résultats produits par* l'emploi d'un autre métal.

Le papier peut servir aussi de support, mais flexible, dans ce cas, pour faire des reports sur pierre, sur métal ou sur tout autre corps, comme de la porcelaine, par exemple, si l'on fait des tirages avec une encre contenant un oxyde métallique.

Le papier est simplement recouvert d'une couche mince de gélatine, que l'on a préalablement étendue sur une glace frottée avec du fiel de bœuf. Quand cette couche a fait prise, on y fait adhérer la feuille à gélatiner, en mettant les deux ensembles sous l'eau et les sortant en évitant l'interposition des bulles d'air et les poussières. — Une raclette en caoutchouc (*voir* la *fig.* 1, p. 45), promenée sur le dos du papier, permet de chasser l'eau en excès. — On laisse sécher et l'on détache.

On peut, à l'avance, préparer de ce papier autant qu'on en veut; puis, pour s'en servir, il suffit de l'immerger dans une dissolution de 3 grammes de bichromate de potasse dans de l'eau et de le laisser sécher. On insole sous le cliché comme d'ordinaire, puis on met à dégorger, et, pendant que la feuille est tout humide encore, on l'étend sur une pierre lithographique, où l'eau l'a fait adhérer, et on l'encre avec de l'encre à report. Quand elle est bien encrée à point, on opère le report à l'aide d'une ou de plusieurs pressions sur la surface qui doit la recevoir.

Aucun tirage suivi ne serait possible sur un véhicule aussi peu solide ; il ne peut donc servir que transitoirement.

Appliqué au transport sur pierre ou sur métal, zinc ou cuivre, d'images au trait, ce mode d'impression permet d'obtenir une très grande finesse.

M. Rodiguez lui préfère l'étain en feuille, qui, paraît-il, donnerait mieux encore, par suite du moulage du métal mince dans les contours de chaque trait, ce qui s'opposerait à l'écrasement de l'épaisseur d'encre. Il doit y avoir, en effet, avantage à suivre cet avis ; seulement, le papier nous paraît suffire dans la plupart des cas courants.

Nous proposant de revenir, plus en détail, sur cette question des reports, dans l'étude de la photolithographie et de la phototypographie, nous ne donnons ici ces indications que pour mémoire, l'emploi du papier gélatiné ne se prêtant pas à l'application de la phototypie pure et directe et ne pouvant servir qu'à titre de support provisoire.

CHAPITRE IX

Préparation des couches sensibles.

Une première liqueur doit être préparée ainsi qu'il suit :

Albumine (œufs frais)....... 180 grammes
Eau.................... 150   —
Bichromate de potasse....... 4   —
Ammoniaque............... 100   —

Le bichromate alcalin est réduit en poudre dans un mortier en porcelaine ou en verre, et, ajouté au mélange d'eau et d'ammoniaque, il s'y dissout assez rapidement. On y verse ensuite l'albumine.

Cette dernière est préalablement battue en neige, puis mise au repos, et filtrée avec soin. Cette liqueur passe assez vite à travers le papier à filtrer.

Ce mélange peut servir jusqu'à épuisement, mais il convient de ne le laisser pas trop vieillir.

L'albumine perdrait de sa solidité, même après avoir été fortement coagulée par le bichromate de potasse sous l'action de la lumière.

On fait ensuite une deuxième liqueur sensible, celle qui formera la couche imprimante. On la compose ainsi :

Gélatine de qualité voulue...	90	grammes
Eau............................	720	—
Colle de poisson (véritable)...	30	—
Eau............................	360	—
Bichromate de potasse pur (ou d'ammoniaque).............	30	—
Eau............................	360	—

La gélatine est mise à gonfler environ 24 heures avant le moment de l'opération. On en fait autant de la colle de poisson.

Puis, on fait dissoudre séparément ces deux substances dans leur eau et au bain-marie. La gélatine se dissoudra à une température de 40 à 60 degrés centigrades. Quant à la colle de poisson, il faudra, pour la dissoudre, pousser jusqu'à l'ébullition, et encore n'obtiendra-t-on pas la dissolution complète.

On filtre ces deux dissolutions dans un récipient propre, au travers d'un chiffon assez serré, puis on y verse, dans le même filtre toujours, la solution de bichromate.

L'appareil imaginé par M. Brewer ([1]), pour filtrer à chaud la gélatine, est d'un grand secours pour ces préparations ; ainsi que l'indique la *fig.* 3, cet appa-

([1]) Rue Saint-André-des-Arts, 43.

reil se compose de deux parties distinctes : 1° un
entonnoir en verre, dont le tube traverse un bou-
chon en liège; 2° un récipient en cuive rouge, formant double fond à l'entonnoir, et susceptible de
recevoir de l'eau, que l'on chauffe avec un bec de
gaz ou une lampe à alcool, ainsi que l'indique le

Fig. 3.

dessin ci-joint. Au cas d'une rupture accidentelle,
l'entonnoir en verre est facile à remplacer.

Le mélange d'eau, de gélatine, de colle de poisson
et de bichromate de potasse et d'ammoniaque peut
être employé immédiatement ou conservé quelques

jours, mais nous préférons n'en faire que la quantité voulue pour l'usage de chaque journée.

Voici maintenant comment on opère pour étendre les deux liquides à la surface de la glace, et comment on conduit l'opération jusqu'au moment de l'insolation :

Fig. 4.

On la recouvre d'abord de la liqueur d'albumine en versant ce liquide sur l'une des surfaces à froid, et comme si l'on collodionnait.

Pour cela faire, on a eu soin de mettre dans un verre à bec la quantité de matière approximative-

7.

ment suffisante pour recouvrir une glace avec excès.
— On a mis sur la table, à sa portée, une grande
cuvette, où l'on pourra faire retomber l'excédant du
liquide. Ce dernier couvre difficilement la plaque.
Il faut, autant que possible, le répandre de manière
à ce qu'il fasse nappe et le recouvrir en entier sans
laisser de vide, et aussi sans qu'il s'y forme des
bulles d'air. Si l'on en voyait, il faudrait repasser
une deuxième couche de liquide pour entraîner
ces bulles. On laisse bien égoutter dans la cuvette,
et l'on pose verticalement sur un chevalet comme
l'indique la *fig.* 4, et dans un lieu abrité contre
toute poussière.

On prépare ainsi et successivement autant de
glaces qu'on veut, et puis on refiltre dans son récipient toute l'albumine bichromatée qui est tombée
dans la cuvette et dont on se servira de nouveau
pour d'autres opérations.

Les glaces albuminées, une fois sèches, sont
exposées à la lumière diffuse, si l'on suit les indications de M. Albert, de Munich, la couche d'albumine posée en dessous contre la surface d'un papier,
ou, mieux, d'un drap noir. On peut en mettre ainsi
un grand nombre à la fois.

Leur séjour à la lumière doit être d'environ 10 à
20 minutes, suivant l'intensité des rayons lumineux.

L'action de la lumière rend insoluble la couche
d'albumine bichromatée, surtout dans la partie de

cette couche qui adhère immédiatement à la surface de la glace. Les rayons lumineux, arrêtés par la couleur jaune du bichromate alcalin, ne procurant pas une égale insolubilité à la surface extérieure de cette couche, elle doit rester, sinon soluble, encore assez perméable à l'eau chaude pour être mouillée et pour se souder ainsi mieux à la couche de gélatine bichromatée qu'elle est appelée à supporter.

Elle doit donc ne faire plus qu'un seul corps avec la deuxième couche, et comme elle a été rendue absolument imperméable à l'eau, dans la partie directement en contact avec le verre, l'humidité nécessaire à l'impression des images ne pourra jamais pénétrer jusqu'à celui-ci et favoriser le soulèvement de la couche. Il y a là une action qu'il faut bien étudier pour se rendre compte de son effet et de son utilité, après quoi l'on opérera avec beaucoup de certitude.

Les glaces, ayant subi la première insolation, sont portées, dans l'étuve maintenue ouverte, à une température de 35 degrés centigrades, et où on les nivelle rigoureusement bien sur la place qu'elles doivent occuper.

Dès qu'elles ont pris la chaleur de l'étuve, on doit procéder à la deuxième préparation.

La gélatine bichromatée, maintenue au bain-marie à 35 degrés aussi, est mise à la portée de l'opérateur sur l'étuve même.

Sur le plateau mobile de cette étuve se trouve

placée une cuvette en zinc (voir *fig.* 6, p. 96), plus
large et plus longue que les plus grandes plaques
à préparer. Au milieu de cette cuvette, on pose un
pied à vis calantes (*fig.* 5), et la glace, prise dans

Fig. 5.

l'étuve, est posée chaude sur ce trépied. On l'amène
à l'horizontalité avec le niveau, sa surface déjà
albuminée placée en dessus.

Le liquide, versé dans un verre à bec en quantité
suffisante, est alors coulé avec lenteur, pour éviter
les bulles d'air, sur le milieu de la plaque. Il s'y
étend graduellement, et l'on facilite son extension
avec un triangle de papier à filtrer blanc que l'on
promène sur le liquide pour le conduire du centre
aux bords.

Quand il a atteint tous les points de la plaque, on
verse, par un mouvement de bascule dans les deux
sens, la glace étant saisie par le milieu des deux

côtés, à droite et à gauche, l'excédant de la liqueur,
dans la cuvette située au-dessous, et on la pose
aussitôt sur les vis calantes de l'étuve, où elle a
d'abord été nivelée avant l'opération que nous
venons de décrire. Les châssis garnis de papier sont
fermés, au fur et à mesure que marche la préparation, afin de concentrer la chaleur de l'étuve et de
préserver mieux les glaces préparées contre les
poussières en suspension dans l'air.

Quand on a ainsi préparé le nombre de plaques
dont on a besoin, on ferme l'étuve, on vérifie le
degré de chaleur pour s'assurer qu'il ne monte pas
au delà de 35 degrés, on enlève les récipients pour
les nettoyer, on filtre le liquide en excès rejeté
dans la cuvette, et l'on remet tout en état pour une
opération suivante. Autant que possible, il faut
abandonner au plus tôt la pièce où est l'étuve, pour
éviter de faire voltiger inévitablement des poussières qui, à un moment donné, retomberaient sur
les couches sensibles.

Si la quantité du deuxième liquide a été mesurée
convenablement, il ne doit en rester que ce que la
surface de la glace a pour ainsi dire retenu méca-
niquement, et la dessiccation dans l'étuve sera
complète au bout d'environ deux heures. Si la dessiccation était plus lente, on pourrait avoir à redouter des cristallisations ; et puis, la chute des poussières, qui nuisent forcément à la perfection de la
préparation, est d'autant plus à craindre, que la

surface de la plaque demeure plus longtemps poisseuse.

Au bout de deux heures, on peut donc arrêter le chauffage et laisser les glaces se refroidir dans l'étuve, pour ne les sortir qu'au moment de l'insolation.

Leur surface doit être brillante, très-limpide, exempte de toute impureté, de toute marbrure.

Ces dernières sont souvent la conséquence d'un chauffage irrégulier, de courants d'air introduits dans l'étuve au cours de la dessiccation, et aussi d'une trop grande quantité du deuxième liquide laissée sur la plaque. Il se forme alors une série d'anneaux irréguliers dont on retrouve souvent les traces lors du tirage. Parfois, elles disparaissent, surtout quand l'épreuve à tirer est très coupée et qu'elle contient de nombreux points où la vigueur est énergique.

La couche d'albumine bichromatée, coagulée à travers l'épaisseur du verre, est-elle bien utile et ne pourrait-on réussir sans son emploi, puisqu'elle ne joue là qu'un rôle étranger à la formation et à l'impression de l'image ?

Nous l'avons indiquée parce qu'elle est employée par la plupart des opérateurs qui se servent de glaces, mais nous croyons que toute autre couche, coagulée en dehors de l'action de la lumière, produirait les mêmes résultats. Nous aurons lieu d'y revenir en parlant du procédé de M. Husnik.

Il est certain que cette première couche est utile pour donner une adhérence au verre, qui, chimiquement, n'exerce aucune attraction, comme cela a lieu sur le cuivre, par exemple, sous la couche imprimante.

Une simple couche de gélatine bichromatée ne pourrait empêcher l'humidité de pénétrer jusqu'à la surface intérieure de la glace que si l'on pouvait rendre imperméable la partie inférieure de cette couche. Cela s'obtiendrait certainement par une insolation à travers l'épaisseur de la glace, mais il y aurait danger à pratiquer une insolation qui devrait être assez énergique pour obtenir le résultat voulu sans attaquer l'image elle-même, surtout dans les parties répondant à l'action lumineuse la plus intense, dans les noirs. L'intervention de la première couche que l'on insole, avant que la plaque n'ait reçu l'image, ne peut produire aucun danger. On peut pousser l'insolation de façon à rendre aussi complète que possible la coagulation de cette couche, surtout dans sa partie placée au contact du verre, et rien ne s'opposera à ce que l'on recoure plus tard, après l'impression à travers le cliché, à une deuxième insolation par derrière, pour atteindre la surface inférieure de la deuxième couche, et pour l'imperméabiliser encore à son point de soudure avec la première; la petite épaisseur de gélatine, ainsi coagulée et imperméabilisée, rendra l'adhérence à l'albumine plus complète, et, comme cette première couche adhère déjà d'une façon énergique à la glace, on sera à l'abri de tout soulèvement et de tout déchirement.

C'est, en un mot, l'emploi d'une surface aussi polie et aussi peu attractive pour la gélatine, que l'est la surface d'une glace, qui oblige à recourir à une couche intermédiaire, dont le seul effet est de mieux lier au verre la couche imprimante. Ce n'est qu'après avoir trouvé ce tour de main, que M. Albert, de Munich, a pu produire les travaux importants qu'il a imprimés sur glace, et c'est véritablement depuis ce moment que la phototypie sur glace a pris un corps industriel réellement sérieux.

Nous le répétons, la couche de soudure n'est pas forcément celle que nous venons de formuler, à base principale d'albumine. Chacun est libre d'employer celle qui lui paraîtra la plus aisée à préparer. Il peut bien se faire que l'on soit dépourvu d'œufs, et par suite obligé de s'en passer; rien ne s'oppose alors à ce que cette couche de soudure ne soit composée tout simplement, avec de la gélatine, que l'on mettra en couche légère sur les plaques, et dans le même rapport que l'albumine dans la première formule.

L'albumine vaut mieux, parce qu'elle est plus vite sèche et qu'elle forme un réseau plus serré, une couche plus dense. On devra donc lui donner toujours la préférence, quand on pourra s'en procurer.

On fabrique aujourd'hi de l'albumine sèche qui nous paraît convenir parfaitement à toutes les opérations photographiques, en l'employant en dissolution à l'eau, d'une densité égale à celle de l'albumine venant des œufs.

Le rapport est d'ailleurs facile à obtenir pour déterminer, une bonne fois pour toutes, la quantité d'eau et d'albumine sèche, qu'il faut mélanger, pour obtenir un liquide analogue à celui de l'albumine telle qu'on la trouve dans les œufs. L'emploi de ce produit donne plus de facilité pour les préparations où entre de l'albumine.

On peut encore coaguler la couche sous-jacente, qu'elle soit de l'albumine ou de la gélatine, par un moyen chimique excluant tout emploi de la lumière, par exemple de l'alcool, de l'alun, du sulfate de fer, de l'acide gallique, tannique, etc.

Si le produit employé est de l'albumine. on pourra la coaguler avec de l'alcool; mais, l'action de cette substance étant plus lente et moins complète sur la gélatine, il vaudra mieux coaguler cette dernière avec un des autres produits que nous venons d'énumérer, et avoir soin de bien rincer ensuite la plaque à l'eau ordinaire.

Elle pourra recevoir ensuite la deuxième couche, mais après qu'on l'aura immergée dans de l'eau chaude pendant quelques minutes. L'impression à travers le cliché une fois terminée, il faudra exposer la glace à la lumière diffuse, sur un drap noir;

8

ou bien, encore, avant qu'elle ne porte l'image, afin d'imperméabiliser la soudure et de créer une sorte de réduction à l'état d'oxyde chromique de tout le bichromate qui aura pénétré la première couche. Il en résultera une plus grande homogénéité par la réunion des deux couches en une seule, et une plus grande solidité lors du tirage.

Nous venons de décrire le procédé le plus habituellement employé pour la préparation, soit des couches, soit des plaques sensibles.

Les deux formules que nous avons indiquées sont à peu près communes à tous ceux qui emploient le procédé phototypique de M. Albert, et comme ces formules se trouvent consacrées par un usage déjà assez répandu et par des résultats remarquables, nous n'avons pas hésité à les donner sans modification aucune. On nous permettra, maintenant qu'a été faite la part de l'usage accepté, d'apporter ici nos propres idées et les résultats de nos observations personnelles.

Nous y joindrons d'autres formules, recommandées par des hommes sérieux, et dont les indications méritent d'être écoutées, tout au moins étudiées, si on ne les suit immédiatement.

Nous devons à l'avance nous demander quel est le but à atteindre, et puis chercher tous les moyens qui conduisent au résultat désiré.

N'est-il pas, par exemple, nécessaire de chercher à durcir, autant que possible, la couche de gélatine imprimante, sans toutefois la priver de sa propriété d'absorber de l'eau dans les parties peu ou pas insolées ?

Voilà donc un point de départ qui va nous conduire à ajouter à la liqueur qui doit former la couche imprimante telle substance susceptible de la durcir sans la priver de son pouvoir hygrométrique.

L'alun, l'alun de chrome, produisent cet effet. Le chlorure de zinc en très petite quantité, l'acide phénique, l'alcool, le nitrate d'argent, produisent aussi un effet semblable.

Selon nous, une addition d'un 1/2 gramme d'alun de chrome par 100 centimètres cube de la liqueur n° 2, contribuera à donner à la couche imprimante une plus grande résistance, et à l'image une finesse plus parfaite, la gélatine alunée ayant la faculté de se charger d'humidité suffisante pour l'impression, sans se gonfler autant que celle qui n'aurait pas été additionnée d'alun.

L'alunage ultérieur n'empêche pas le gonflement de la couche dans le bain de dégorgement ; il est préférable, à notre avis, d'introduire dès le début ce corps coagulant.

Un autre point de vue est à considérer : n'a-t-on pas remarqué que la présence d'un corps gras ou résineux dans la gélatine donnerait encore aux parties plus ou moins insolées un pouvoir plus complet de retenir le corps gras de l'encre d'impression ?

S'il en est ainsi, pourquoi ne pas ajouter aussi dans la dissolution de gélatine une substance résineuse, qui, sans nuire à l'absorption de l'humidité, serait un nouvel élément de succès?

Selon nous, on ne saurait s'exposer beaucoup, et l'on atteindrait un résulat plus complet et plus durable en ajoutant à la gélatine de la gomme laque en dissolution dans du borax et dans une proportion assez légère pour que, après le chauffage à l'étuve, la matière résineuse si divisée ne fût un obstacle à la pénétration de l'humidité.

Du goudron très-divisé et rendu neutre ou alcalin pourrait aussi faciliter le but que nous recherchons. Nous ne l'avons pas essayé, mais il se peut qu'il produise l'effet de s'ajouter comme corps résineux à la partie déjà insolubilisée et imperméabilisée par la lumière pour rendre plus facile encore l'attraction de ces parties pour le vernis gras.

Nous pourrons donc proposer sans crainte une petite modification ou, mieux, une addition à la deuxième formule, que nous avons indiquée plus haut. Il suffirait, pour la compléter, d'y ajouter:

Alun de chrome, 1/2 gr. pour 100 c.c. de la solution.
Goudron Guyot, 2 à 3 c.c.   id.

ou une quantité de 8 à 10 gouttes d'une solution saturée de gomme laque dans une dissolution de borax dans de l'eau.

La question de rapidité ne joue qu'un rôle se-

condaire dans l'impression des plaques phototypiques ; il est pourtant bon d'en tenir compte et
d'employer les moyens qui pourraient l'accroître,
surtout en hiver et dans les climats brumeux du
nord.

M. Phipson recommande l'emploi de l'acétate de
manganèse comme accélérateur de l'impression.
Il n'y aurait donc aucun inconvénient à ajouter à
la formule une très-faible quantité de cette substance accélératrice de l'action du bichromate sur
la gélatine. Un demi-gramme pour 100 centimètres
cubes de la solution suffira pour obtenir une impression plus rapide.

Ainsi, sans rien enlever des qualités que pouvait avoir la formule normale qui nous a servi de
point de départ et qui déjà donne de très bons résultats, il semble qu'on peut l'améliorer en y in-
troduisant les éléments d'une dureté plus grande,
d'une aptitude plus prononcée à retenir l'encre
grasse, et enfin d'une rapidité d'impression plus
grande sous l'influence des rayons lumineux.

C'est là plutôt un exemple théorique que nous
donnons qu'une formule absolument précise.
Notre pensée est de tracer une voie que l'on puisse
suivre, et chacun à son gré pourra essayer, parmi
les substances produisant les divers effets que nous
avons énumérés, celles qui lui paraîtront résoudre
le mieux la question.

Nous avons créé un procédé phototypique de

8.

toutes pièces qui diffère beaucoup de celui qui vient d'être exposé et que nous indiquerons ultérieurement avec toute la précision désirable.

Dans l'analyse que nous ferons plus loin de divers procédés de phototypie, se trouveront des formules, dont chacun pourra faire l'essai, pour choisir ensuite celle qui lui conviendra le mieux.

Avant d'en finir avec ce Chapitre, il faudrait dire quelques mots des gélatines dont l'emploi est préférable.

La question est difficile à résoudre de prime abord, tant est grande la variété des gélatines qui se trouvent dans le commerce.

Mais nous pouvons indiquer certaines sources, où l'on pourra puiser avec toute certitude d'arriver à des résultats suffisamment constants.

En principe, les gélatines les moins solubles sont les meilleures, et l'essai peut être fait très facilement sur les gélatines de diverses provenances, en dosant la quantité d'eau que des poids égaux de ces gélatines absorbent dans un même temps. L'élasticité ou la résistance dont elles sont douées, une fois saturées d'eau, est encore un indice de leur qualité. Il y a à donner la préférence à l'échantillon qui est doué de la résistance la plus grande, toutes autres choses égales d'ailleurs.

Plus la gélatine est soluble et moindre est le grain ou la vermiculation qui résulte de l'insolubilisation par la lumière après que la glace insoléc a été mise à tremper dans de l'eau. Il y a donc lieu de tenir compte de cette qualité et d'opérer divers mélanges pour emprunter à certaine gélatine sa dureté et à telle autre sa finesse de grain.

Ainsi, réunissant dans le rapport de un tiers de la gélatine nº 2 de Nelson et des deux tiers de la gélatine d'une maison de Francfort, nous sommes arrivé à des couches d'une finesse très grande et d'une résistance capable de fournir plusieurs milliers d'épreuves à la machine à vapeur.

La gélatine Nelson seule donnait des couches d'une finesse de grain incomparable, mais très peu solides. La gélatine de Francfort seule donnait des couches douées d'une très grande résistance, mais ayant un grain trop visible et nuisible à la finesse des images. — On vend à Munich une gélatine, connue sous le nom de gélatine d'Albert, qui est excellente au point de vue de la finesse, tandis qu'elle pèche du côté de la dureté ; mais, additionnée d'un tiers de la gélatine dite *opaque* de Nelson, elle donne de très-beaux résultats.

La gélatine du Japon, la gélatine provenant des goëmons sont excellentes ; elles sont moins vite pénétrées par l'eau, dont elles absorbent des quantités bien moindre que les autres gélatines, mais le grain des images est d'une finesse très grande, aucun relief ne se produit dans les blancs, et la résistance sous l'action des rouleaux est aussi grande qu'on peut le désirer. Quand on use de pareilles gélatines, il est inutile d'introduire de l'alun de chrome dans le mélange, la matière organique offre par elle-même toutes les qualitées voulues ; il y aurait plutôt à y ajouter une petite quantité de gélatine Nelson n° 2, ou quelques grammes de glycérine ou de sucre, pour accroître sa faculté d'absorption de l'humidité sans que cela puisse diminuer beaucoup son excellente solidité.

En général, il faut obtenir, surtout quand il s'agit d'images à demi-teintes, des surfaces conservant toute leur planimétrie, c'est-à-dire n'offrant aucun relief corsespondant aux parties plus ou moins blanche de l'image; or, ce résultat ne peut être atteint, avec des gélatines susceptibles d'absorber beaucoup d'eau, qu'à la condition de coaguler fortement ces gélatines, sans toutefois les priver absolument de la propriété d'être pénétrées par l'humidité, sans quoi elles donneraient des plaques noires au lieu d'images, et l'on ne pourrait rien en tirer.

Le recuit, après le bain de dégorgement, ajoute encore aux conditions de solidité en resserrant davantage encore le réseau de la gélatine, surtout en présence d'une matière coagulante, comme l'alun de chrome, et l'on peut ainsi ajouter à la valeur d'une gélatine qui, sans cette précaution, pourrait perdre rapidement ses demi-teintes et offrir une résistance insuffisante pour un long tirage.

L'immersion répétée dans un bain d'alcool accroît successivement la dureté et la finesse du grain.

On met à l'alcool au sortir du bain de dégorgement, et, après avoir épongé toute l'eau libre, on laisse cinq minutes dans ce bain, puis on sort et on laisse sécher; après cela, on mouille de nouveau pendant quelques minutes, on éponge encore comme la première fois et on laisse sécher de nouveau. Après la deuxième opération, le réseau se trouvera plus serré que si l'on s'en était tenu à la première. Ce mode opératoire est applicable aux travaux qui requièrent une très grande finesse.

Il y aurait trop à dire si l'on voulait s'occuper de tous les cas divers qui se présentent dans l'emploi de la gélatine, et nous croyons avoir assez nettement indiqué dans quelles limites on devra se mouvoir pour arriver à produire un travail régulier et d'une valeur réelle. L'expérience seule indiquera à chacun tout ce que nous ne saurions dire ici sans abuser de la patience de nos lecteurs.

L'emploi de la colle de poisson de Russie n'est utile que quand on se sert de gélatines trop tendres. À part ce cas, nous n'en voyons pas la nécessité.

C'est en se pénétrant bien des données générales qui précèdent que l'on arrivera, suivant les circonstances, à modifier ses formules sans se croire obligé de s'en tenir à tel ou tel dosage, qui n'offre jamais de qualités absolues, dans tous les cas, et qu'il y a lieu de transformer, d'accroître et de diminuer, suivant la nature des produits employés, suivant le genre du travail à réaliser, suivant la façon d'imprimer, à bras ou à vapeur, par exemple, enfin suivant l'époque de l'année, la température, plus ou moins élevée, exerçant aussi une influence des plus marquées sur la nature des résultats.

CHAPITRE X

Étuve pour la dessiccation rapide des plaques phototypiques.

La *fig.* 6, p. 96, donne une idée de ce que doit être l'étuve où l'on prépare habituellement les plaques phototypiques.

Elle se divise en deux parties distinctes : 1° la chambre inférieure, traversée dans le sens de sa longueur par plusieurs tuyaux à gaz percés de trous, de distance en distance, et formant grille. Deux ou trois de ces tuyaux suffisent pour donner une chaleur convenable, même pour des températures au delà de 150 degrés centigrades. Une clé de robinet commande chacun de ces tubes pour qu'on puisse les rendre indépendants les uns des autres, et n'user que de celui ou de ceux dont on a besoin. Cette chambre est fermée par une porte qui s'ouvre sur toute la longueur et permet l'accès des tubes pour les allumer, les nettoyer, réparer, etc. Une ou plusieurs ouvertures, pratiquées sur diverses parties, aux deux extrémités, par exemple, de la chambre du foyer, permettent l'accès de l'air, sans

Fig. 6.

lequel la combustion du gaz ne pourrait se produire. On règle les ouvertures suivant la quantité de becs allumés et de façon à obtenir l'effet voulu sans perdre inutilement de la chaleur.

Si l'on est dans un endroit où l'on ne puisse avoir une installation au gaz, on peut chauffer l'étuve, soit par un courant de vapeur, soit par un courant d'air chaud. Il n'y a rien à modifier à notre modèle, mais on remplace les tubes à gaz par un tuyau traversé par la vapeur d'un générateur ou par un courant d'air chaud. Le tuyau, dans ce dernier cas, doit être relié à un poêle entretenu en dehors de la pièce où est l'étuve. C'est tout simplement alors un tuyau de cheminée; il traverse le bas de l'étuve et est conduit à l'extérieur par un coude. Dans ces deux derniers cas, les ouvertures sont inutiles dans la partie inférieure de l'étuve.

Une cloison métallique, en tôle assez forte, est établie entre la chambre inférieure et la chambre supérieure, qui constitue l'étuve proprement dite. Cette séparation, fermée bien hermétiquement, est nécessaire pour éviter les poussières que le courant d'air chaud entraînerait de bas en haut, et dont une partie retomberait sur les plaques gélatinées au grand détriment de la perfection des surfaces.

Vers le milieu de la hauteur de la chambre supérieure sont placées deux traverses longitudinales en bois clouées contre les deux parois opposées de

Fig. 7.

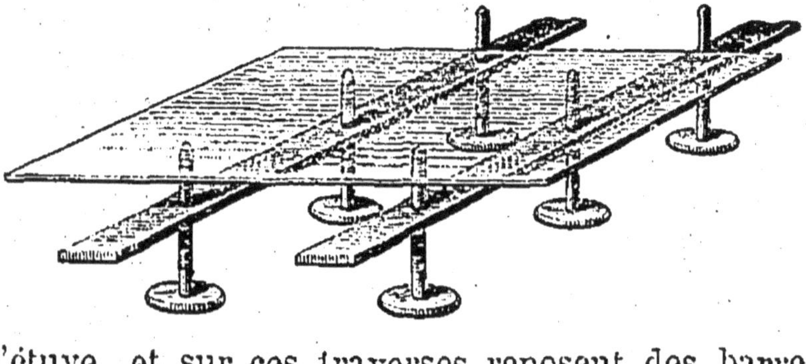

l'étuve, et sur ces traverses reposent des barres transversales en fer, portant trois ou quatre vis, comme on le voit dans la *fig.* 7. Convenablement espacées pour diviser cette barre en trois ou quatre parties égales. Ces vis servent à caler les plaques, que l'on pose sur leurs pointes supérieures et que l'on nivelle avec un niveau à bulle d'air.

On met de ces barres transversales, munies de leurs vis, la quantité nécessaire pour utiliser la surface entière de l'étuve, dont la longueur est variable suivant l'importance du travail courant que l'on doit exécuter.

Sur deux ou trois parties, régulièrement espacées, de la façade de l'étuve, et à la hauteur médiane, doivent être placés des thermomètres, qu'on lit du dehors à travers une lame de verre.

Le dessus du couvercle de l'étuve est formé par une série de panneaux s'ouvrant d'avant en arrière et recouverts d'une simple toile, sur laquelle on a collé une feuille de papier. Chacun de ces panneaux doit correspondre à deux traverses en fer, c'est-à-dire recouvrir l'espace occupé par une plaque; dès qu'elle est mise en place, on ferme le panneau qui la recouvre, et l'on pousse le plateau à roulette sur lequel se font les opérations, de façon à découvrir la place d'à côté, que l'on garnit encore, et ainsi de suite.

Ce plateau est tout simplement une table garnie par dessous de quatre galets, dont deux de chaque côté opposé, portant sur un chemin de fer ou dans des rainures que l'on a posées latéralement, le long des deux bords supérieurs de l'étuve. Cette table est déplacée, au fur et à mesure qu'avance le travail de la préparation, entraînant avec elle la cuvette, le bain-marie, le pied à vis calantes et les autres menus objets nécessaires à cette opération. Elle doit être de la même dimension environ, mais plutôt moindre que celle de l'un des panneaux de fermeture.

L'étuve doit être établie dans un cabinet *ad hoc* où l'on n'ait à faire aucune autre opération que celle de la préparation des plaques. On doit les y apporter entièrement propres et toutes prêtes à recevoir la couche de gélatine bichromatée.

Quand on a allumé les becs de gaz ou produit le chauffage par l'un des moyens quelconques dont on peut disposer, on arrose le sol pour soulever le moins de poussière en circulant, puis, la porte du cabinet étant fermée et la température paraissant bien réglée à 35 degrés centigrades, on cale, successivement, toutes les plaques à préparer sur les vis de l'étuve, et on les laisse sur ces supports, où elles vont bientôt prendre la chaleur ambiante.

Cela fait, tout ce qui est nécessaire à leur préparation étant apporté sur la table mobile, on commence par la première plaque. On la couvre du liquide gélatineux, puis on la remet à sa place. Le panneau qui doit la recouvrir est aussitôt fermé. On pousse la table d'une longueur ; on ouvre le deuxième panneau ; la plaque reçoit sa préparation,

est remise en place ; le deuxième panneau est fermé,
et l'on passe à la suivante de la même façon, en
poussant la table mobile d'une autre longueur. Ce
n'est qu'arrivé au bout de l'étuve qu'on ramène
la table dans l'autre sens pour dégager la dernière
ouverture.

Nous abusons des détails peut-être, mais nous le
faisons avec cette conviction qu'il est bien difficile
de faire comprendre les faits les plus simples par
des explications écrites, et que l'on comprendrait
plus aisément si, au lieu d'en lire le récit, on était
appelé à les voir.

Quand l'étuve est chauffée régulièrement à 35 degrés centigrades environ, il faut à peu près deux
heures pour que la dessiccation des glaces soit
complète. Il est bon de s'assurer si l'opération
est terminée en ouvrant le panneau correspondant
à la dernière préparation. Si la plaque de cette
partie de l'étuve est sèche, toutes les autres le
seront certainement, et l'on doit alors supprimer la
source de chaleur, soit en éteignant le gaz, soit en
supprimant les courants d'air chaud ou de vapeur.
Les plaques sont abandonnées à un refroidisse-
ment lent et l'on peut les soumettre à l'insolation
dès qu'elles se sont refroidies.

En été, on peut faire l'opération de l'étuve dans
la matinée, et l'on insole l'après-midi. Les plaques
sont mises à dégorger dans la journée encore, et, le
lendemain matin, on peut les employer au tirage.

En hiver, on pourrait procéder de même, mais la lumière perd si vite de son intensité dans l'après-midi, qu'il vaut mieux ne pas s'exposer à renvoyer au lendemain la continuation d'insolations déjà commencées la veille.

Il est alors préférable de faire les préparations à l'étuve la veille au soir pour le lendemain. On a donc toute la matinée pour les expositions à la lumière, et l'on peut imprimer le surlendemain.

Il va sans dire que la pièce où se trouve l'étuve ne doit être éclairée qu'avec des carreaux couverts d'un papier jaune ou, mieux, d'une pellicule colorée à la chrisoïdine prise entre deux verres. Cette substance étant, on le sait, absolument réfractaire à la pénétration des rayons actiniques.

M. Stebbing prépare de ces pellicules, dont l'emploi est des plus avantageux en photographie. Nous avons laissé toute une journée une feuille de papier sensible sous une pellicule teintée par la chrisoïdine, en plein soleil, sans obtenir la moindre trace visible d'une action lumineuse.

Tant que la gélatine bichromatée est liquide, la lumière n'exerce sur elle aucune action appréciable, mais il n'en est pas de même quand ce mélange est sec, il est alors très-sensible et il donnerait des épreuves voilées si l'on n'opérait à l'abri des rayons de la lumière blanche.

Dans un laboratoire où l'on n'aurait pas besoin de préparer à la fois un certain nombre de plaques, l'étuve, tout en restant, dans son principe, construite ainsi que nous venons de le dire, peut être de dimensions très réduites ; on peut alors se dispenser d'une table roulante, que l'on remplace par une petite étagère contiguë au panneau de fermeture. Le chauffage, à défaut d'un petit fourneau à gaz qui se trouverait placé dans le compartiment inférieur, peut s'effectuer avec un réchaud à pétrole ('), mais ce dernier mode ne nous plaît guère, à cause de la fumée noire que produit cette flamme. Il ne faut employer, en ce cas, que des lampes à brûleur de fumée.

L'intérieur de l'étuve doit être soigneusement nettoyé de temps en temps avec une éponge humide, pour enlever toute la poussière qui s'y est déposée. On doit veiller, à ce point de vue, à la propreté, aussi complète que possible, de la pièce destinée à cet appareil. Les grains de poussière sont trop dangereux, ils atteignent trop la pureté et la solidité des couches, pour que l'on ne se mette en garde contre leur intrusion, par tous les moyens possibles.

Pour que le nettoyage soit plus facile à réaliser, il convient de tapisser de zinc toutes les parois intérieures de la chambre supérieure, le métal se prêtant moins que les pores du bois à l'emmagasinement de la poussière.

('*) Tel que ceux que fabrique M. Noël.

D'une bonne étuve dépend un travail régulier et sûr ; il ne faut donc pas négliger de suivre à la lettre nos diverses prescriptions à cet égard.

L'étuve à eau chaude décrite par M. T.-H. Voigt nous paraît trop ingénieuse pour que nous omettions d'en parler. Cette étuve est séparée de la pièce où a lieu le chauffage de l'eau, laquelle est conduite par des tuyaux jusqu'à une petite caisse en étain placée dans la boîte à sécher ; de là, un autre tuyau la ramène dans un petit réservoir, puis dans l'appareil à chauffer, de telle façon que, l'eau chaude étant toujours en circulation, la température se maintient égale et se régularise facilement.

Une étuve de ce genre nous paraît très-facile à établir, et, quand on n'a pas besoin de produire une chaleur plus forte que celle de l'eau bouillante, elle suffit largement à tous les besoins de la phototypie, en excluant toute fumée et toute poussière, et en laissant de plus, dans l'étuve, un sorte de réservoir de chaleur, qui en contient assez pour qu'on supprime le feu dès le début de l'opération du séchage.

Il est un autre genre d'étuve de M. S. Rogers dont nous avons trouvé le dessin ici reproduit (*fig.* 8) et la description dans l'almanach du *British Journal of photography* de 1879.

Comme la figure 8 l'indique, il suffit d'un bec C pour amener un courant d'air chaud qui suit la

marche indiquée par les flèches. L'air du manchon ADB′ qui entoure le tube CA′ est chauffé par
le fait de la combustion du bec C; il pénètre, par en

Fig. 8.

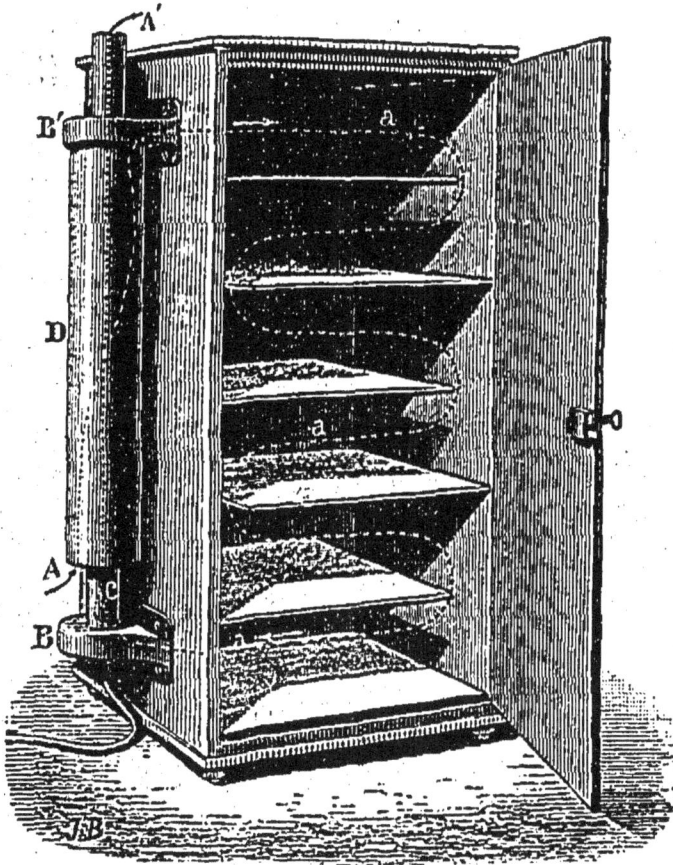

haut, dans l'étuve AA par une ouverture percée dans
sa paroi BA′; de là il passe en descendant sur toutes
les cloisons horizontales, qui sont posées de façon
à être parcourues dans toute leur longueur par
le courant d'air chaud. Arrivé en bas, il sort par une

ouverture qui le conduit directement en C pour servir à la combustion du bec, lequel établit ainsi un appel rapide et accélère le courant. — L'air extérieur entre dans le bas du manchon par une petite ouverture en A.

La caisse de l'étuve est munie à sa partie inférieure de vis calantes, afin de pouvoir, d'un coup, niveler toutes les cloisons intérieures. Cet appareil, assez ingénieux, nous paraît surtout applicable à une foule de travaux de dessiccation de surfaces gélatinées propres à la phototypie, mieux encore qu'aux plaques préparées comme il vient d'être dit plus haut. Nous croyons ce système simple et susceptible, pour des préparations de peu d'importance, de rendre de très grands services.

Pagination incorrecte — date incorrecte

NF Z 43-120-12

CHAPITRE XI

Insolation. — Immersion dans l'eau. — Alunage.

Que le cliché soit sur glace ou pelliculaire, le contact entre sa surface et celle de la préparation phototypique doit être aussi parfait que possible.

Le cliché est d'abord posé contre la glace du châssis-presse, la plaque préparée est ensuite superposée au cliché, et, les traverses du châssis, une fois rabattues et crochetées, on établit la pression à l'aide d'un système de double-coins s'emboîtant et que l'on enfonce graduellement jusqu'à ce que l'on sente que la pression est suffisante. Le tout est mis, la glace en dessus, dans une boîte qui est ajustée à la dimension du châssis-presse. Après quoi, on recouvre le dessus de la glace du châssis d'une feuille de papier pelure, que l'on retient tout autour par des lames de zinc.

Il n'est pas toujours nécessaire d'employer la feuille de papier mince, cela dépend des effets que l'on veut obtenir par une action plus ou moins directe des rayons lumineux.

En général, cette feuille sert à adoucir l'action trop vive de la lumière au travers des parties très transparentes d'un cliché. On aurait, sans cette précaution, trop de dureté dans l'image positive.

On peut se passer de la feuille mince quand il s'agit de reproduire des images où il faut, au contraire, des effets heurtés, — pour du trait, par exemple, des reproductions de gravures et de dessins noir sur blanc, et encore si le fond en est suffisamment opaque.

L'exposition à la lumière se fait comme pour tous les autres procédés d'impression photographique, et la durée de l'exposition varie naturellement suivant l'intensité du cliché.

On est, du reste, parfaitement guidé par la venue de l'image, que l'on peut suivre et conduire jusqu'au moment où elle est bien complète. Dans le cas qui nous occupe, la plaque étant une glace, on peut, en portant le châssis sur une table, le sortir de sa boîte, le renverser et voir l'image à travers l'épaisseur du verre. On humecte, avec un peu d'eau, la surface dépolie de ce dernier pour voir plus nettement l'état de l'impression, qui se révèle par une image d'un brun jaunâtre plus foncé que n'est la coloration jaune de la couche bichromatée. On aperçoit ainsi jusqu'aux moindres demi-teintes, et c'est quand elles apparaissent, entièrement venues, plutôt avec un léger excès, que l'on peut arrêter l'insolation.

Donc, la seule chose dont doit se préoccuper l'opérateur, c'est de voir où en sont les blancs de son image; il les voit se modeler peu à peu, et il est ainsi parfaitement le maître de la durée de l'exposition.

Quand on prévoit que l'on aura à imprimer plusieurs plaque avec le même cliché, il est avantageux d'employer, lors de la première impression, un photomètre, qui sert à mesurer exactement la durée de cette première impression. On lui fait suivre, bien entendu, les interruptions imposées à l'insolation, chaque fois qu'on vérifie l'état d'avancement de celle-ci. Le degré photométrique, une fois constaté, est marqué sur un coin du cliché, et l'on peu à coup sûr imprimer, tel nombre de fois qu'on le voudra, le même cliché, avec la certitude d'obtenir des impréssions à peu près identiques.

Nous disons *à peu près*, parce qu'il est absolument impossible, en matière d'impressions par la lumière, d'arriver toujours à des résultats tout à fait semblables. Le degré photométrique peut être le même pour diverses impressions, et celles-ci peuvent différer entre elles si l'heure de la journée où elles sont produites n'est plus la même, si l'état du ciel s'est modifié, et, quelque parfait que soit le photomètre employé, il ne l'est jamais assez pour conduire à des résultats toujours mathématiquement identiques.

Mais cela importe peu, et la petite différence en plus ou en moins qui peut exister dans l'état de l'insolation sera facilement rachetée par un encrage plus ou moins intense, au moment du tirage.

Il est bon de remarquer aussi que les couches sensibles ne sont pas toujours identiques entre elles, au point de vue de leur sensibilité ou de leur pénétration, et de leur transformation par les rayons lumineux. Cela dépend de la date de leur préparation, de l'aspect plus ou moins poli de la surface de la gélatine, de la densité elle-même de cette couche. Bref, une précision absolue est, et sera toujours, une chose rare et difficile dans l'emploi des substances chimiques actionnées par la lumière, pour l'obtention, avec toute certitude, d'effets absolument comparables entre eux.

Après l'insolation, la plaque sensible est enlevée du châssis et mise à dégorger, immédiatement, dans une cuvette à rainures pleine d'eau, renouvelée, si on le peut, par un courant continu (fig. 9).

M. Despaquis, non sans raison, conseille de procéder, avant cette immersion, à une nouvelle insolation par derrière, laquelle complète l'effet de la première, la dépasse même et pénètre jusqu'à celle qui a été obtenue à travers le cliché. Il coagule ainsi toute la couche inférieure à l'image, la relie mieux à la première couche, et il arrive ainsi à diminuer notablement le gonflement de la gélatine et à accroître la finesse de l'image.

Nous ne voyons pas, dans l'emploi de ce tour de main, que son auteur a breveté, une nécessité absolue, et la preuve que l'on peut s'en passer,

Fig. 9.

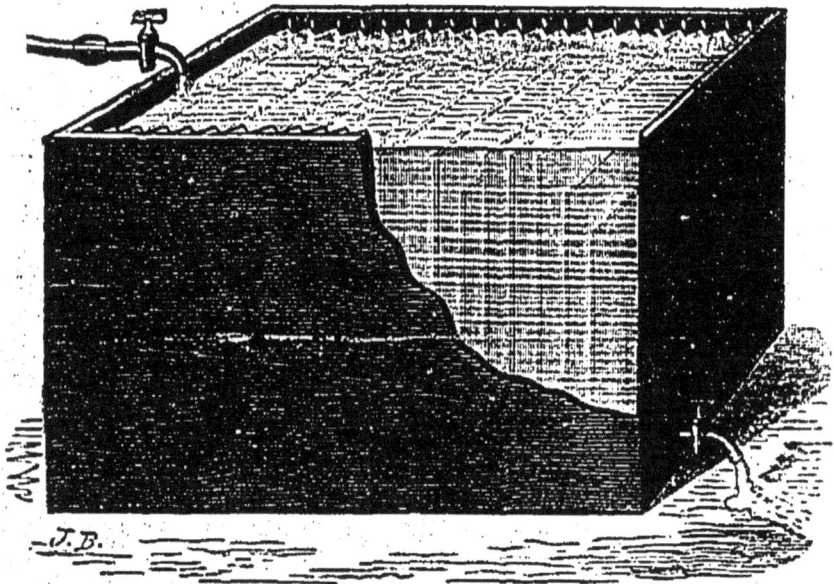

tout en obtenant une grande solidité, c'est ce qui se passe dans certains ateliers, où les plaques métalliques, comme le fait M. Quinsac, sont préférées au verre. Il n'en obtient pas moins de magnifiques résultats, remarquables surtout par leur finesse excessive.

Néanmoins, le conseil donné par M. Despaquis peut être bon à suivre quand il s'agit d'un support transparent, qu'il soit rigide ou flexible; et, comme nous l'avons dit déjà, l'adhérence au verre s'obtenant moins facilement que l'adhérence au cuivre, il est certain que cette deuxième insolation, loin de nuire, ne peut être que fort avantageuse, au double point de vue de la solidité plus grande et d'un grain moins visible.

A ce propos, sans rien ôter à M. Despaquis du mérite de son observation, nous devons dire que nous préférons faire la deuxième insolation par derrière avant d'exposer la glace sous le négatif.

L'effet est le même que celui que nous venons d'indiquer, mais il y a déjà commencement d'action, rupture d'équilibre au-dessous, et, lors de l'impression de l'image, on aura plus de rapidité et plus de pénétration, tout comme si, la couche inférieure d'une feuille de papier buvard étant déjà humidifiée, on mouillait légèrement la surface opposée, la pénétration à travers l'épaisseur du papier se ferait plus vite pour unir les deux nappes d'humidité et n'en faire qu'une seule.

Nous laissons à chaque opérateur le soin de choisir les moyens qui le conduiront aux meilleurs résultats, nous bornant à indiquer les diverses voies dans lesquelles il peut faire ses recherches.

Immersion des glaces dans l'eau. — Que la glace ait ou n'ait pas été insolée une deuxième fois, il reste à la laisser dans de l'eau courante pendant deux ou trois heures et même davantage.

La durée de cette immersion dépend du degré de

la température de l'eau et aussi de la nature de l'impression et de la qualité de la gélatine.

Le but que l'on se propose d'atteindre est celui-ci : dissoudre tout le bichromate libre qui se trouve dans la couche de gélatine. Ce but est atteint quand on n'aperçoit plus aucune trace de coloration jaune en regardant la plaque appuyée contre une feuille de papier blanc.

Une moyenne de deux ou trois heures est toujours nécessaire pour que la plaque soit débarrassée de tout le bichromate resté soluble. Souvent, surtout dans la saison froide, il n'y a aucun danger à laisser tremper les plaques isolées durant toute une nuit.

En les sortant de la cuve à dégorgement, les glaces, une fois rincées, sont placées dans une cuvette contenant de l'alun de chrome à 2 pour 100. La durée de l'immersion dans ce bain doit être de cinq minutes environ.

L'alun coagule et durcit la gélatine et il permet d'obtenir des couches plus résistantes et plus fines, puisque le gonflement, dans les parties coagulées, sera moindre, sous l'action de l'humidité, nécessaire à l'impression, que si la gélatine restait dans l'état où elle se trouve au sortir du bain de dégorgement.

Il ne faut pas abuser pourtant de la coagulation et la rendre trop complète, il en résulterait une difficulté très-grande d'imprégner les parties blanches, à demi teintées, de l'humidité nécessaire à la répulsion de l'encre grasse, et l'on tirerait des images voilées ; en tout, et surtout dans des opérations de ce genre, il faut un juste point.

La durée de l'immersion dans le bain d'alun dépend aussi de la qualité de la gélatine employée. Si l'on se sert d'une gélatine dure, très dense, peu soluble, il est moins nécessaire de laisser longtemps dans le bain d'alun. On serait exposé, sans cela, à n'avoir que des couches d'une perméabilité difficile à vaincre, et dont la mise en train, au moment du tirage, serait plus longue (').

On lave bien à l'eau courante les glaces au sortir de l'alun et on les met à égoutter, posées verticalement sur un chevalet.

Elles sont abandonnées à une dessiccation spontanée, et prêtes après pour servir à l'impression dès qu'on est libre de s'en occuper.

On peut ainsi en préparer à l'avance autant que l'on voudra et les conserver dans des casiers ; nonseulement elles ne s'altéreront pas, mais elles gagneront à être conservées pendant quelques jours, des semaines et même des mois, avant d'être soumises à l'impression.

(') Si, comme nous l'indiquons ailleurs, on met de l'alun dans la couche sensible elle-même, aucun alunage ne sera nécessaire après le bain de dégorgement.

CHAPITRE XII

Mouillage de la couche sensible avant l'impression.

Le principe sur lequel repose l'impression de l'encre grasse sur couche de gélatine est la propriété qu'a la gélatine bichromatée de se transformer, sous l'action des rayons lumineux, de telle sorte, qu'elle devient non seulement insoluble, mais même imperméable à l'humidité ; elle est comme tannée, cornifiée par l'action de la lumière, tandis que les parties non atteintes par elle, tout en étant coagulées à un certain degré, sont cependant perméables à l'humidité, et plus ou moins, suivant que l'action lumineuse a agi avec plus ou moins d'intensité. Nous revenons, dans un chapitre spécial, sur cette action, si intéressante et si bien équilibrée, vraiment, puisqu'elle permet la production des demi-teintes les plus continues et les plus douces à côté des noirs les plus vigoureux.

Donc, pour que l'effet sur lequel on compte pour obtenir l'encrage de l'image se produise, il faut que la couche de gélatine soit mouillée sur toute sa surface. Les parties atteintes par la lumière, ou refuseront l'eau, ou n'en prendront qu'une quantité proportionnelle à l'intensité de l'action lumineuse qui les a modifiées, tandis que les parties non modifiées, conservant la faculté d'absorber de l'eau, se gonfleront et se satureront d'humidité.

En passant le rouleau chargé d'encre grasse sur cette plaque, humide seulement dans les blancs, l'encre s'atachera à toutes les parties sèches, et l'on verra apparaître aussitôt un dessin se détachant en noir et présentant déjà des dépressions qu'un encrage plus complet rendra plus nettement visibles.

Pour que le mouillage soit convenable, il doit être arrêté au moment où l'image se détache très pure sans être voilée ; le voile indiquerait une humidité insuffisante. Si elle était, au contraire, trop blanche, c'est-à-dire trop dégarnie dans les demi-teintes, cela prouverait qu'elle est trop chargée d'eau, et il ne faudrait procéder à l'impression qu'après avoir laissé s'évaporer cet excès du liquide mouilleur, étant donné, cela va sans dire, une plaque dont l'exposition à la lumière n'a été ni trop longue ni trop courte.

Cela se voit bien facilement après que la glace a passé par le bain de dégorgement et qu'on l'examine à l'état sec. On doit voir sur la gélatine l'image finement doucie, mais tout aussi complète, dans ce léger dépoli superficiel, qu'une bonne épreuve positive du même cliché tirée sur une feuille de papier albuminé.

L'image vue à un jour frisant se présente avec les moindres détails et avec tout son modelé; on la lit absolument bien; et, ce que l'on voit alors, on doit le retrouver au moment de l'impression à l'encre grasse.

Il n'y a pas à dire, l'image est bien là; on la voit formée par la lumière : donc, elle y est; et, si l'on ne réussit à l'imprimer, c'est que l'on aura commis quelque faute; c'est surtout que le mouillage aura été trop fort ou insuffisant.

Dans bien des cas, il suffit d'immerger la glace à encrer dans une cuvette pleine d'eau et de l'y laisser pendant quinze minutes environ; — il n'y a pas à cet égard de règle absolument fixe; cela dépend de la gélatine, du degré de coagulation par l'alun, et aussi de la durée de l'exposition à la lumière. Au cas où il y aurait eu un excès d'action lumineuse, on peut le compenser par une immersion plus longue dans l'eau.

L'effet qui doit se produire n'est bien complet que lorsque, la glace étant sortie de l'eau et bien débarrassée de l'eau libre qui reste à sa surface, on ne perçoit que des reliefs très peu accentués en y touchant légèrement avec le bout des doigts. Si l'on sent des reliefs très marqués, il convient de les faire disparaître en prolongeant l'immersion. Si l'on n'y parvenait pas au bout de quelques heures d'immersion, il faudrait retirer la glace de l'eau et la traiter d'une autre façon, que nous allons indiquer.

On conçoit aisément qu'il soit difficile d'introduire le noir dans les creux s'il en existe de trop profonds, et d'ailleurs on aurait alors une planche en taille-douce et non une planographie, la propriété utilisée ne jouerait plus son rôle qu'à demi, puisque dans tous les creux ce ne serait plus l'affinité chimique ou mieux l'état sec qui favoriserait l'adhérence des corps gras. La nature de l'encrage lithographique ne se prête pas d'ailleurs à imprimer des planches en creux ; il faut donc attendre que les creux soient arrivés à la même hauteur que les reliefs ; une bonne impression phototypique ne saurait exister qu'à cette condition.

Supposons donc la couche dans l'état qui paraît, à l'œil et au *toucher*, le plus convenable. On la met d'abord sur une presse d'essai, où l'on vérifie ce qu'elle donne à l'encrage et au tirage.

Il faut tirer quelquefois de 10 à 12 épreuves avant de se rendre un compte exact de la valeur de la plaque, et ce n'est que lorsqu'elle produit un résultat complet ou tout au moins suffisant, qu'on peut la confier à l'imprimeur accompagnée de l'image qu'on en a tirée, comme type à reproduire.

Entre chaque tirage, il faut mouiller la surface avec une éponge très souple, puis enlever, avec des chiffons de coton neuf et sans apprêt, toute l'eau visible.

Quelquefois la plaque est imprégnée d'assez d'humidité pour fournir plusieurs épreuves sans qu'il faille recourir à un nouveau mouillage à l'éponge, mais on s'expose alors à faire un travail peu régulier. La première épreuve tirée aussitôt après le mouillage est assez heurtée dans les blancs, la deuxième l'est un peu moins, et, de proche en proche, on arrive à une cinquième ou sixième épreuve sensiblement différente de la première et montrant des traces visibles d'un voile naissant, lequel ne cesserait de s'accroître si l'on ne recourait à un nouveau mouillage.

L'imprimeur a son type jugé bon sous les yeux, et c'est en comparant, avec ce type, chacune des épreuves, qu'il parvient à maintenir le tirage dans les limites d'une régularité moyenne.

Mouillage à la glycérine. — Chaque pression enlève à la couche humide une certaine quantité de l'humidité qui est nécessaire au tirage, et c'est pourquoi il faut chaque fois, ou à peu près, remplacer l'eau, soit évaporée, soit enlevée par le papier. L'emploi de substances déliquescentes, ou de substances peu siccatives, a été essayé pour dispenser d'un mouillage aussi fréquent, surtout quand il s'agit des tirages rapides sur des presses mécaniques.

Mais ces substances peuvent simplifier et régulariser aussi les impressions sur des presses à bras. On peut même unir les deux propriétés et mélanger, par exemple, de la glycérine, qui ne se sèche pas, à du miel ou du sucre, qui sont des substances pleines d'affinité pour l'eau.

Un mélange ainsi formé :

Eau...............................	500 c.c.
Glycérine très maigre et pas acide...	500 —
Sucre................................	50 gr.

est versé sur la couche imprimante. Après qu'on l'a laissée environ cinq minutes dans de l'eau, on l'en retire, en ayant soin d'essuyer sa surface inférieure et d'enlever, sur la couche de gélatine, toute l'eau en excès.

La plaque est posée bien horizontalement (avec le niveau à bulle d'air) sur un pied à vis calantes disposé au milieu d'une grande cuvette. On verse alors sur la gélatine assez du liquide ci-dessus pour en couvrir entièrement toute la surface. On amène, avec le doigt, le liquide vers les quatre bords sans négliger de vérifier à chaque instant s'il est bien étendu partout.

Au bout de dix minutes environ de ce contact, on verse dans la cuvette toute la nappe de liquide, on essuie ensuite la surface avec une éponge, puis avec des chiffons, on achève d'enlever toute trace de glycérine. Une ou deux feuilles de papier appliquées sur tous les points de la gélatine achèvent d'enlever les derniers vestiges du liquide mouilleur. Elle est alors prête à fournir des images nombreuses sans exiger de fréquents mouillages.

Au cours du tirage, s'il est nécessaire de donner un peu d'humidité à la plaque qui a une tendance à fournir des épreuves voilées, on doit user du même liquide, que l'on promène à sa surface avec une éponge. On l'essuie ensuite bien soigneusement et l'on continue à imprimer pendant assez longtemps encore sans recourir à un nouveau mouillage.

Ce liquide est bon pour amener les creux à s'élever jusqu'à la surface des blancs, sans qu'il soit nécessaire de laisser tremper la glace dans de l'eau.

On la recouvre, humide, du mélange ci-dessus, comme nous venons de l'indiquer, et puis on la laisse dans cet état jusqu'au moment où les doigts promenés à sa surface ne rencontrent plus de reliefs bien accusés.

Si l'on craignait de voir, par un séjour trop prolongé dans ce liquide, la couche se ramollir et perdre de sa solidité, il faudrait la recouvrir de glycérine pure, humide encore, après l'avoir laissée dix minutes dans l'eau et l'avoir débarrassée de l'eau libre.

Cette substance, en maintenant l'humidité qu'elle trouvera sur la plaque, lui permettra de gagner, de proche en proche, les parties creuses, où elle gonflera la couche sous-jacente, et, en définitive, il n'y aura pas eu une plus grande quantité d'eau introduite dans la couche de gélatine.

La plaque, amenée à son point propre à l'impression, sera débarrassée de la glycérine pure, bien essuyée et mouillée avec le mélange indiqué plus haut. séchée encore et puis encrée.

Si, au cours du tirage, on s'aperçoit que les demi-teintes disparaissent graduellement et que la couche contient un excès d'humidité préjudiciable à un encrage suffisant, il vaut mieux suspendre le tirage et prendre une autre plaque tout à fait à point.

La plaque trop humide sera mise à tremper dans de l'eau, qui dissoudra la glycérine et le sucre qui s'y trouvent incorporés. On la laissera ensuite sécher spontanément, pour la reprendre ultérieurement en l'humidifiant comme d'habitude.

Si l'on était pressé de reprendre le tirage, il faudrait, après avoir enlevé, avec des chiffons fins et du buvard, toutes les traces d'eau visibles, immerger la plaque dans de l'alcool, la gélatine en dessus, et l'y laisser séjourner durant cinq minutes environ.

L'alcool chasse l'eau, dont il prend la place, et, de plus, il resserre le réseau trop distendu, soit par l'eau en excès, soit par la pression qui s'est exercée sur la gélatine pendant cet état de gonflement;

et, après, lorsqu'on reprend le tirage, on retrouve des images bien plus modelées et bien plus fines que les dernières que l'on tirait au moment de l'arrêt de ce travail.

Souvent, surtout en usant du mouillage à la glycérine, on peut simplement suspendre le tirage et mettre la plaque au repos dans un casier, puis la reprendre, plusieurs jours après, en la remouillant durant quelques minutes avant de procéder à l'encrage; mais il faut que, lors de la suspension du travail, les épreuves tirées soient assez complètes pour que la distension trop grande de la gélatine n'ait pas altéré son tissu même et brisé le réseau dont il est formé.

Ici, encore, c'est une question de pratique ; chaque opérateur saura bien vite organiser son travail en vue de ses besoins.

CHAPITRE XIII

Presses pour les impressions phototypiques.

On peut employer diverses sortes de presses pour le tirage des épreuves phototypiques; mais, selon nous, celles qui conviennent le mieux, disons-le tout de suite, ce sont les presses, soit verticales, soit à cylindre.

Nous donnons ici la description et les dessins de chacun des modèles de presse que l'on peut trouver dans le commerce. Il y a les presses à râteau, les presses à cylindre, les presses verticales et puis les presses mécaniques rapides à cylindre, mues à bras ou par la vapeur.

Nous ne montrons que pour mémoire le dessin de la presse à râteau (*fig.* 10) dont s'est servi tout d'abord M. Albert, de Munich; cette presse, d'une exécution trop primitive, est loin de valoir celle de M. Poirier.

La presse à râteau, dont M. Poirier exécute des modèles de divers formats, nous paraît cependant convenir moins que d'autres systèmes, bien que

Fig. 10.

construite avec très grand soin, à cause de la friction
trop brusque qu'exerce le râteau maintenu immo-

bile tandis que le plateau est entraîné et glisse
sous lui pendant la pression (*voir* la *fig.* 13, p. 129).

Il est certain que le frottement ainsi produit est

Fig. 11.

moins doux, moins accompagné, que si la pression s'exerce à l'aide d'un cylindre tournant dans
le même sens que la marche du plateau de la

presse (*fig.* 11). La pression fuit pour ainsi dire sous sa propre action, le cylindre tournant de son côté, tandis que le plateau s'avance dans le même sens de la rotation. On risque moins ainsi de fatiguer les couches de gélatine.

Un autre genre de presse dont se sert la compagnie autotype de Londres est la presse typographique verticale. Pour les tirages à bras, nous croyons que c'est encore le meilleur moyen d'obtenir d'une plaque un travail long et régulier sans fatiguer les planches d'impression. Ici, la pression s'exerce d'un seul coup sur toute la surface de l'image, aucune friction n'est produite dans aucun sens sur la couche de gélatine, le papier n'est pas refoulé comme dans les autres cas, et il ne peut se plisser et produire ainsi des déchirures dans la couche. De plus, une mise en train de la planche est plus facile à organiser que sur les deux presses précédentes. Le danger de rupture est aussi moins grand, la pression s'exerçant sur tous les sens à la fois au lieu de ne porter que sur une ligne.

Nous n'hésitons donc pas à conseiller l'emploi de ce genre de presse à quiconque n'est pas obligé, voulant faire de la phototypie, d'utiliser un outillage qu'il possède déjà.

La *fig.* 12 donne une idée d'un des modèles de presses verticales qui peuvent être appliquées aux tirages phototypiques.

Ce n'est pas à dire qu'entre des mains exercées

n'importe lequel des genres que nous venons d'indiquer ne conduise à de bons résultats ; c'est sou-

Fig. 12.

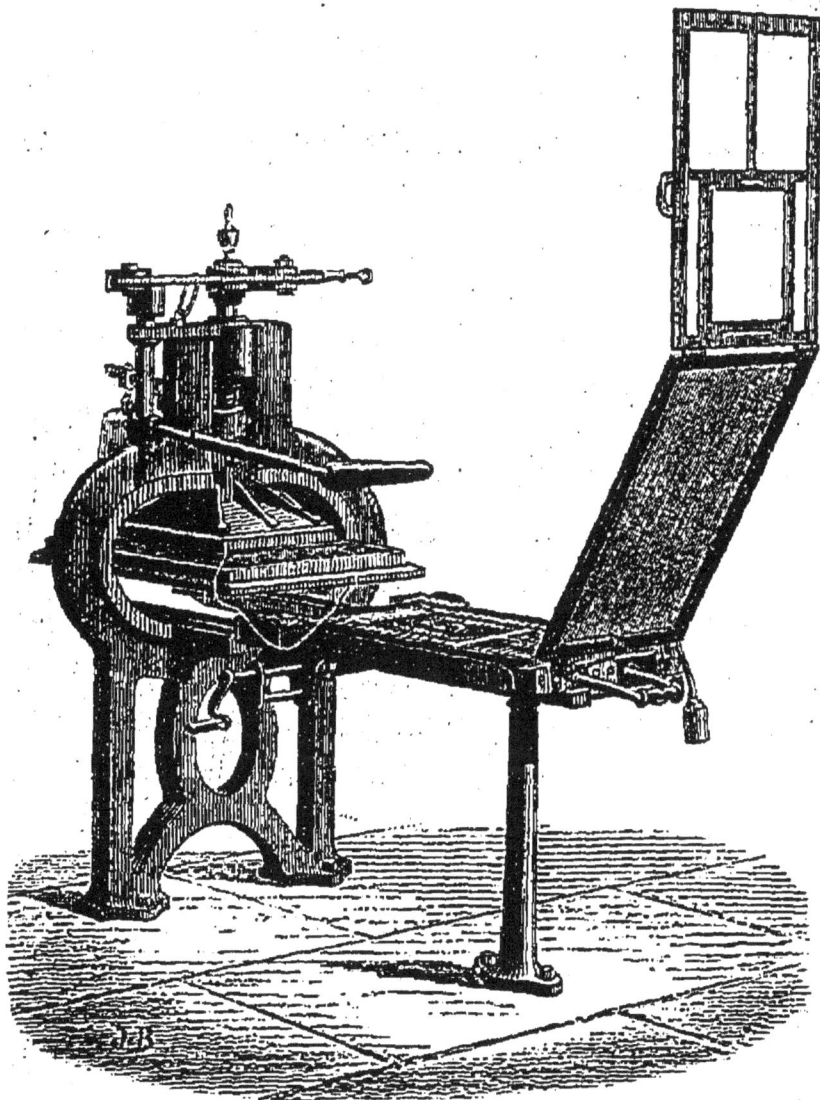

vent l'ouvrier qui fait le bon outil, mais un bon ouvrier n'a que du profit à tirer de l'emploi d'un bon outil; or, la pression verticale à l'aide d'un plateau qui recouvre l'image entière d'un coup est certainement le plus sûr moyen d'éviter bien des accidents, qui se produisent surtout avec la presse à râteau et même avec les presses à cylindre. Les magnifiques épreuves sortant des ateliers de la Compagnie autotype de Londres prouvent ce que nous affirmons.

L'art des impressions phototypiques est si peu répandu encore, qu'il existe en France peu de fabricants, en dehors de M. Poirier, qui aient créé des modèles de presses phototypiques. Cet intelligent et habile constructeur d'outils a sans doute établi le genre de presse qui lui a été conseillé par des praticiens convaincus que la presse à râteau (*fig.* 13) était la plus convenable à la phototypie; mais, tout en continuant à établir ce modèle pour ceux qui auraient des raisons pour le préférer aux autres, nous pensons qu'il pourra persévérer dans la voie qu'il a inaugurée en créant une presse verticale d'un format approprié aux besoins courants des tirages phototypiques; il suffirait, pour le plus grand nombre des praticiens amateurs, que cette presse fût combinée pour tirer des épreuves de 30 × 40, marges comprises.

Pour des dimensions plus grandes, il y a évidemment intérêt à employer des presses à cylindre, la pression verticale sur une grande surface étant difficile à obtenir, tandis qu'on la produit

bien plus aisément sur une ligne mobile, ainsi que
cela arrive sous le râteau ou sous le cylindre, où
la pression. s'exerce sur une seule ligne et se dé-
place en parcourant toutes les parties de la plaque.

Fig. 13.

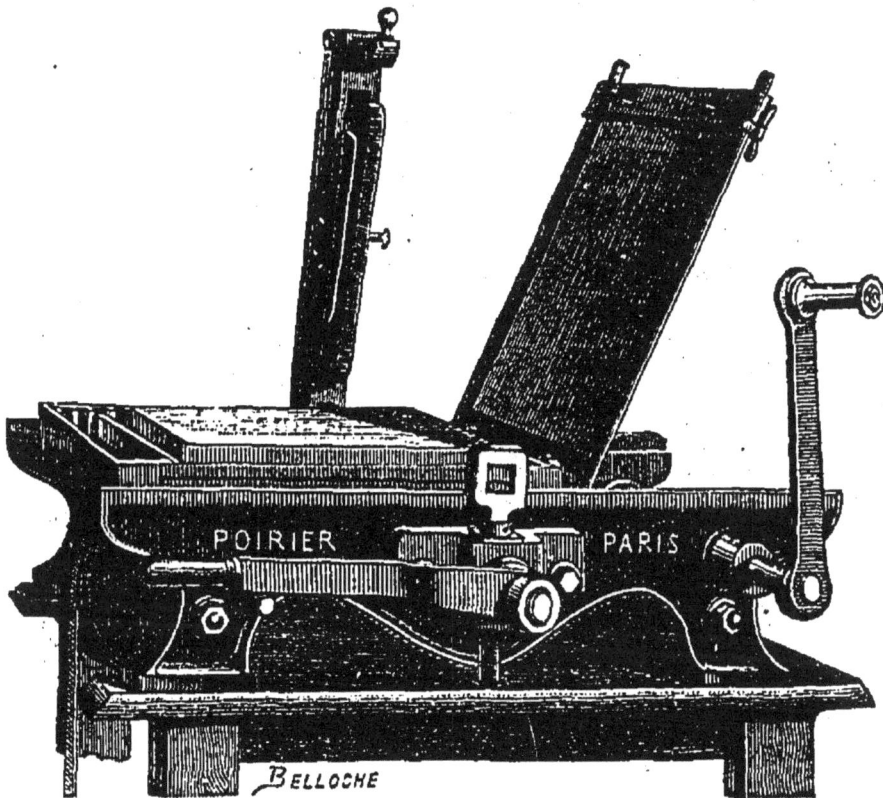

Une presse photoglyptique du grand modèle que
construisent avec tant de précision MM. Thomasset
et Driot, pourrait très bien s'adapter aux tirages
phototypiques d'un format restreint, si l'on avait
la facilité d'y maintenir la plaque et de l'encrer. Il
faudrait seulement modifier ce modèle de façon

que le plateau inférieur pût porter les écrous de serrement nécessaires au solide maintien de la plaque. On encrerait, après avoir repoussé le plateau supérieur en arrière à l'extrémité du bâti à coulisse sur lequel il se meut ; puis, après l'encrage, la pose du papier et du coussin de foulage, on ramènerait le plateau supérieur et l'on donnerait la pression en rabattant le levier réglé d'avance à la hauteur voulue. Nous conseillerons avec d'autant plus de raison ce système à double fin, que, pour bien des praticiens dont l'industrie s'exerce sur une petite échelle, il n'est pas absolument nécessaire d'avoir un outillage tout spécial. La photoglyptie, ainsi que nous le disons dans une monographie spéciale, tend, elle aussi, à se généraliser ; elle tombera bientôt, en France, dans le domaine public, et il est certain qu'un grand nombre de photographes pourront en faire s'ils trouvent une maison qui, à des conditions accessibles, leur remette les moules d'impression tout prêts.

Le tirage photoglyptique n'entraînera plus que la nécessité d'avoir quelques presses comme celle dont nous venons de parler et dont nous donnons ici un dessin (*fig.* 14), et le même modèle servira le jour où, au lieu d'avoir à tirer des épreuves photoglyptiques, on emploiera des glaces phototypiques. A défaut de vis de serrage, ce qu'il est facile d'établir, on pourra sceller les plaques au plâtre comme on le fait pour les moules photoglyptiques en plomb. On arriverait ainsi à assurer la portée régulière de la pression du pla-

Fig. 14.

teau, sans pour cela se passer des serrages laté-raux indispensables pour maintenir la plaque sous les efforts et le frottement du rouleau pendant l'encrage.

Si la pression normale exigée par la photoglyptie n'est pas suffisante, il y aurait à régler le levier de rabattement de façon à obtenir une plus grande pression; c'est une simple question d'écrou à mon-ter plus ou moins.

Si nous insistons sur un modèle de ce genre, c'est parce qu'il n'est pas coûteux, et aussi parce qu'il peut rendre divers services au photographe, qui, tout en voulant bénéficier des avantages que produisent les procédés d'impression mécanique, ne veut ni ne peut faire les frais d'un outillage à la fois coûteux et encombrant.

Une presse photoglyptique du format 30 × 40 coûte 300 francs; et d'un coup, pour cette somme minime, on serait monté à la fois pour la mise en pratique de deux procédés distincts. La chose vaut bien, ce nous semble, la peine qu'on y regarde de près.

Pour compléter ce que nous avons à dire des presses phototypiques, il y a encore à parler de la *presse mécanique à cylindre (fig.* 15).

Cet outil est l'analogue des presses mécaniques à vapeur dont se servent les lithographes pour les tirages d'une certaine importance. On le sait, une presse mécanique lithographique à vapeur produit journellement de 2 à 3,000 pressions, tandis qu'une presse à bras en fournit seulement 200.

Ce qui arrive quand il s'agit de tirages lithographiques proprement dits doit exister si, au lieu de se servir d'images dessinées sur pierre, on emploie des plaques phototypiques; il est évident qu'on doit obtenir ainsi une production plus rapide, et que le problème se trouvera résolu si, tout en accroissant la quantité de la production, on ne perd pas de la qualité.

Fig. 15.

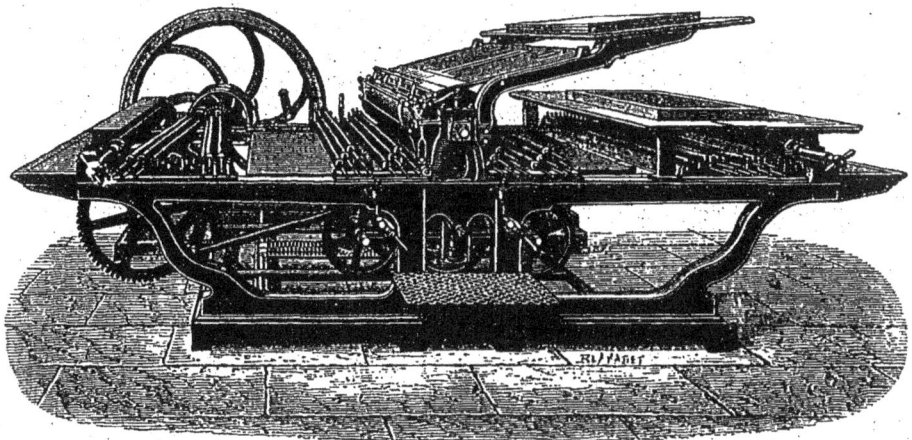

Presse phototypique mue par la vapeur.

La preuve est faite maintenant ; c'est à Mayence que les premières impressions de ce genre ont été faites, par MM. Brauneck et Maier, d'où nous les avons importées au *Moniteur universel*. Avant nous, une maison de Dresde les pratiquait avec succès. Depuis, des presses mécaniques ont été établies encore à Paris, chez M. Thiel aîné, et à Munich, chez M. Albert.

Un fait démontré, absolument certain, c'est que, grâce à une presse de ce genre mue par la vapeur ou que l'on peut mettre en mouvement à bras, comme cela se pratiquait chez MM. Brauneck et Maier en notre présence, non seulement on décuple le nombre du tirage quotidien, mais on obtient dans le tirage plus de pureté et de régularité.

Suivant la nature des sujets, on peut user d'une vitesse plus ou moins grande ; mais, en ne comptant qu'une production moyenne de cinq à six pressions à la minute, on conçoit aisément qu'en 10 heures de travail on puisse, en y comprenant les pertes de temps qu'entraînent les calages, les lavages divers, et tous les soins minutieux qu'exige ce tirage rapide, obtenir un travail effectif de 1,000 épreuves marchandes.

C'est là une production normale en tirant avec marges, et elle pourrait aller au delà de 1,500 et jusqu'à 2,000 quand on est dispensé du tirage avec marges.

Tout ce que nous avons dit au sujet des tirages

à bras s'applique aux impressions à la machine; nous devons seulement faire remarquer que l'encrage, dans ce dernier cas, est plus régulier et plus complet une fois qu'il a été convenablement réglé suivant le travail à produire. On comprend que ce que fait la main, dans les impressions à bras, un encrage mécanique puisse le produire, et puisqu'on est arrivé à imprimer à la machine avec succès des reports de dessins lithographiques au crayon, rien ne s'opposait à ce qu'on obtînt, avec des plaques phototypiques, un résultat analogue.

Quelques modifications de détail ont dû être apportées aux presses lithographiques, telles que la surélévation du plateau destiné à recevoir la planche d'impression, celle-ci étant plus mince que les pierres lithographiques, l'augmentation des rouleaux encreurs placés en avant et en arrière du cylindre, pour augmenter la puissance de l'encrage mécanique, quand besoin est, et en varier les effets suivant que l'exige le sujet à imprimer.

On peut ainsi encrer à deux encres, soit de couleurs diverses, soit de fluidité différente, comme on le ferait à bras en employant alternativement des rouleaux diversement encrés.

La distribution mécanique de l'encrage est forcément plus régulière que celle qui s'exerce à la main. Elle est réglée d'une façon assez constante, et l'épreuve obtenue est plus nette, plus normalement bonne et exigeant des soins bien moindres et une fatigue bien moins grande de la couche de gélatine.

Un simple passage sous les rouleaux suffit, tandis qu'à bras, il faut souvent y revenir à sept, huit, dix fois, avant d'avoir l'encrage que l'on désire.

Une presse de ce genre (¹) peut être de dimensions à recevoir des plaques d'un grand format, s'encrant tout aussi rapidement que de petites images, et c'est là un immense avantage pour une maison industrielle qui a beaucoup de commandes à exécuter. Elle peut, d'un seul coup, quand le tirage avec marges n'est pas exigé, imprimer un grand nombre d'épreuves ; et s'il s'en trouve, par exemple, 10 sur la même plaque, avoir à la fin de la journée de 10 à 15,000 épreuves diverses.

De semblables outils, naturellement assez coûteux, puisque leur prix varie entre 5 et 8,000 francs suivant leurs dimensions courantes, ne sont pas à la portée des photographes ou des imprimeurs qui n'exercent leur industrie que pour la production de petites quantités d'épreuves. Il faut avoir beaucoup à faire pour entretenir le personnel et les autres frais qu'entraîne un pareil outillage. Mais, aujourd'hui, ce mode d'impression allant se répandant de plus en plus, il n'est pas douteux que des presses mécaniques, combinées pour être utilisées à

(¹) Le modèle que nous avons reproduit est celui de la maison Alauzet, de Paris.

la lithographie en cas de chômage de la phototypie, existeront dans tous les ateliers de lithographie, si nombreux aujourd'hui, et où l'on emploie des machines mues par la vapeur.

Pendant quelques annés encore ce sera une spécialité, et puis il se formera une tradition industrielle dans cet art comme dans tous les autres qui sont du domaine courant, et l'on sera étonné d'avoir autant attendu pour pratiquer un procédé de dessin si parfait et d'impression si facile, pour obtenir à bon marché des résultats aussi complets. Il en est souvent ainsi des bonnes et belles choses ; elles sont lentes à se vulgariser, rencontrant contre elles, dès leur apparition, la lutte de tout un passé qu'il faut détruire ou modifier, d'une longue habitude qu'il est malaisé de déraciner, de tout un personnel fait à de certains usages et que l'on ne transforme que péniblement.

On est, de plus, pressé par le travail courant ; les essais sont coûteux ; les personnes capables d'initier aux pratiques nouvelles sont rares, parfois même peu compétentes en dépit de leurs prétentions. Des tâtonnements infructueux s'ensuivent. Avec courage, il faut recommencer. C'est alors un autre adepte du nouvel art tout disposé à suivre une voie différente de celui qui l'a précédé. L'outillage est alors à reprendre. Ce ne sont plus les mêmes errements. Heureux encore on est quand cette fois c'est le succès assuré au bout de cette nouvelle,

patiente et coûteuse tentative! Mais non. Tout un
personnel vient d'apprendre la méthode nouvelle;
il s'y est exercé assez pour que l'œuvre entreprise
devienne productive; et voilà qu'il faut compter,
non plus avec le procédé vaincu, mais avec les ou-
vriers initiés. Hier, encore, on calculait sur une
journée de dix francs, par exemple; mais cet homme
qui vient de vous coûter les frais d'une longue ini-
tiation, durant laquelle vous avez toujours payé
sans rien gagner, ce même homme se trouve supérieur à ce qu'il était; il estime qu'il vaut quinze
francs. Vous les lui refusez, et le voilà parti, portant
ailleurs ce qu'il a appris, chez vous et vous créant
une concurrence d'autant plus sérieuse qu'elle
s'exerce à vos dépens pour le passé et sans avoir à
subir tous les tâtonnements que vous imposera la
mise au courant d'un nouvel ouvrier.

C'est ainsi que, de proche en proche, une industrie de ce genre va se généralisant et qu'elle est
peu profitable à ceux qui ont le mérite d'être les
premiers à l'entreprendre; c'est ainsi que les inventeurs arrivent pour la plupart à tirer si peu de
profit des inventions les plus belles et qui ne deviennent fructueuses que tard après que tous les
premiers essais de mise en pratique n'ont amené
que de cruels déboires, de décevantes illusions.

Qu'on nous pardonne cette digression à propos
de machines à imprimer rapidement la phototypie.
Dans notre imagination se sont pressés en foule,

tout aussitôt, les mille motifs qui sont encore un obstacle, et pour assez longtemps, à l'emploi de ce moyen perfectionné d'imprimer les images photographiques d'une manière durable avec autant de facilité que les dessins lithographiques et les gravures, de ce moyen qui, aujourd'hui, est devenu presque normal et courant pour ceux qui le pratiquent, objet des vœux de tout le monde il n'y a que quelques années encore, pour lequel M. le duc de Luynes avait créé un prix de 8,000 francs, et dont on parlait comme de la chose la plus utile et la plus féconde qui pût naître des recherches photographiques. Cela existe ; c'est simple, peu coûteux, à la portée de tous les talents et de toutes les bourses, propre à la petite comme à la grande industrie, et c'est à peine si quatre à cinq maisons s'y adonnent dans toute la France. Il y en a moins encore en Angleterre ; deux ou trois en Autriche, quatre ou cinq en Allemagne, tout ou plus une dizaine encore dans toutes les autres parties du monde. C'est peu quand on songe à la quantité de photographes et d'imprimeurs lithographes qui existent dans le monde entier et qui tous auraient un puissant intérêt à pratiquer l'impression phototypique comme un des moyens les plus rapides et les plus complets de produire une grande partie de leurs travaux industriels.

CHAPITRE XIV

Nature des papiers convenables aux tirages phototypiques.

L'un des plus grands avantages du procédé qui nous occupe et qui est remarquable à tant de titres, c'est celui qu'il offre en permettant l'impression des images au vernis gras sur des papiers de tout genre.

En principe, il convient d'user d'un papier bien laminé, quelle que soit sa force, parce que difficilement on fait pénétrer le noir de l'image dans les creux d'un papier peu lisse.

La pression dont on use n'est pas ici la même que celle qui sert à l'impression des gravures en taille-douce et des clichés typographiques. Une surface lisse sera donc toujours la plus apte à s'adapter sur tous les points de la plaque encrée et à fournir une image bien complète.

En général, sur tous les genres de papier possibles, pourvu qu'ils soient exempts de granulations dures, de *poivres*, qui écorcheraient la gélatine, et qu'ils aient été préalablement bien laminés, on ob-tiendra de beaux tirages. Un beau papier donnera toujours une qualité supérieure au tirage, et l'on aura à choisir le véhicule le plus convenable sui-vant la nature du travail à exécuter.

Que le papier soit collé ou non collé, l'impres-sion s'exécute également bien, mais nous pensons qu'il y a lieu d'accorder la préférence au papier sans colle quand on tire une épreuve avec marges. L'enlèvement du noir est plus complet et l'image présente plus d'éclat. A cela vient encore s'ajouter une facilité plus grande au tirage. Les papiers sans colle, à cause de l'air interposé, n'offrent pas l'in-convénient, que présentent les autres papiers col-lés, d'adhérer fortement à la plaque et de se déchi-rer souvent plutôt que de l'abandonner, surtout quand il y a des grands blancs, des marges libres et aussi quand on imprime par un moyen méca-nique rapide.

Le papier couché, tel qu'on le fabrique pour les besoins des imprimeries lithographiques, convient rarement aux tirages phototypiques ; il adhère faci-lement aux plaques et il abandonne du blanc, qui, bientôt, altère la planche d'impression en encras-sant sa surface. Nous avons essayé de préparer un papier couché, avec lequel on peut travailler à coup sûr, et nous y avons parfaitement réussi.

On fait d'abord un mélange de blanc de baryte

dans de la gélatine, de façon à produire une pâte liquide susceptible de bien couvrir le papier. On y ajoute 1/2 grammes d'alun pour 100 grammes de la dissolution et par petite quantité, pour ne pas amener une coagulation de la gélatine. Ce mélange est passé tiède et au pinceau sur les feuilles à coucher, et, quand le tout est sec, on passe au laminoir, puis on plonge dans de l'eau alunée à 2 pour 100 une feuille après l'autre sans la laisser tremper plus longtemps qu'il ne faut pour la mouiller sur les deux faces; on remet à sécher, et l'on peut imprimer après sans craindre le moindre arrachement.

Il est bon de laisser vieillir un peu ce papier pour que l'alun ait le temps de produire une insolubilisation aussi complète que possible de la gélatine.

Le laminage, après la deuxième opération de l'immersion dans l'alun, ne vaudrait rien : il rendrait la surface trop lisse, son application sur la plaque imprimante serait trop parfaite, et l'on aurait a redouter des déchirements; si, au contraire, le papier n'est plus laminé après le bain d'alun, sa surface reste légèrement grenue, partout se trouvera de l'air interposé, et la séparation d'avec la plaque, après l'impression, sera très facile. D'autre part, la couche bien insolubilisée par l'alun est peu susceptible d'être pénétrée par l'humidité de la plaque au moment de la pression, et il n'y a plus à craindre que des parties de la couche de blanc ne se détachent pour encrasser la planche.

Nous avons avec succès employé le papier de Hollande, le papier Wattman, le papier du Japon, des papiers minces et des cartons bristol d'une forte épaisseur, et, dans tous ces cas différents, nous avons obtenu de beaux résultats.

Quand on use de papiers très-minces, comme du papier pelure et du papier végétal, il faut avoir soin de ne pas trop brusquer l'enlèvement de l'épreuve après l'impression, sans quoi l'on risque-rait fort de la déchirer, ce papier offrant peu de ré-sistance.

Suivant la nature du papier, il importe de mettre au dos de l'épreuve un coussin qui permette un foulage plus ou moins fort. Ainsi, avec des papiers vergés comme le papier de Hollande ou grenus comme le Wattman, il est nécessaire d'user d'un foulage plus grand que lorsqu'on se sert de papiers très-lisses.

Ces quelques données suffiront pour guider les imprimeurs débutants ; ils seront ensuite bien vite au courant des papiers dont l'emploi est le plus avantageux.

Quand on doit imprimer sans marges pour ro-gner et monter ensuite, il faudra toujours user de papiers minces tout en étant d'une belle qualité et d'une couleur convenable, et jamais de papiers sans colle si ce sont des images à vernir.

On sait que la plupart des papiers dits *blancs* sont fort rarement d'une blancheur absolue. Il en est d'un blanc rosé, d'autres sont bleutés, d'autres sont jaunâtres. Il faudra savoir choisir, parmi ces diverses nuances, celle qui convient le mieux au sujet. Généralement, nous croyons préférable de choisir plutôt les papiers jaunâtres que ceux dont la pâte est légèrement bleue. L'effet de l'image sur la teinte un peu chaude du jaune est plus agréable, moins froid que celui de la même épreuve sur teinte bleue. Si légères que soient les colorations, elles influent sur la valeur du résultat, et c'est pourquoi nous croyons devoir appeler l'attention de nos lecteurs sur ces détails dont la connaissance pourra les aider à atteindre le beau sans trop de tâtonnements. Ayant passé par toutes ces études, nous sommes heureux d'en éviter les lenteurs à ceux qui s'inspireront de nos conseils.

Nous avons remarqué qu'un papier légèrement humide convenait mieux à l'impression qu'un papier sec, surtout quand on agit sur du papier sans colle; il se refoule mieux sous la pression et prend plus complètement le noir.

Il n'est pas souvent nécessaire de recourir à du papier humide; mais, si l'on y trouvait un avantage sérieux pour le tirage en cours d'exécution, on le tremperait, ainsi que cela se fait dans toutes les imprimeries, en intercalant de 20 en 20 feuilles une feuille plongée dans l'eau et débarrassée du liquide en excès. On charge le tout d'un poids et on laisse le tas ainsi pendant toute une nuit au moins. L'humidité pénètre la masse entière et suffit pour donner la souplesse voulue au moment du tirage. Ce sont là des questions d'imprimerie plutôt que de photographie : tout imprimeur habile saura donc, mieux que nous ne pourrions le dire, ce qu'il a à faire suivant les circonstances.

Quand on doit vernir les épreuves, le tirage sur un papier imperméable à l'alcool ou au vernis, quel qu'il soit, est chose indispensable à moins que l'on ne se propose de gélatiner les épreuves avant de les vernir.

Il est divers moyens d'éviter ce gélatinage, qui constitue une opération longue et onéreuse quand on agit sur des quantités. Le papier, couché comme nous venons de l'indiquer, ne se laisse pas traverser par le vernis. On peut encore employer du papier albuminé et dont l'albumine est coagulée par la chaleur. Le mieux est de ne procéder à cette coagulation qu'après le tirage : il est bien plus net et plus brillant.

M. Phipson a indiqué, dans le *Moniteur de la Photographie*, un papier au silicate d'alumine qui peut-être produirait l'effet voulu. On pourrait, s'il est vraiment imperméable au vernis, le préparer d'avance en grande quantité et obtenir à sa surface de belles épreuves. Pour le préparer, on commence par faire flotter le papier sur une solution aqueuse

L. V. — PHOTOTYPIE.

de silicate de potasse ; puis, quand il est bien égoutté, on le transporte sur un bain concentré d'alun. Ces deux bains doivent contenir des quantités *équivalentes* de chaque sel.

On peut cylindrer quand les feuilles sont encore humides. Sans doute un enduit de ce genre et tous autres analogues seront très convenables, pourvu que l'image soit bien enlevée de la plaque. On devra rejeter toute surface qui n'enlèvera pas tout l'encrage.

Il est utile, croyons-nous, d'indiquer les dimensions des papiers qui se trouvent dans le commerce et leurs désignations spéciales, que nous empruntons au bon ouvrage de M. Geymet :

Grand monde	1,16 sur 0,80
Grand aigle.....................	2,05 — 0,70
Colombier	0,85 — 0,60
Jésus	0,70 — 0,54
Grand raisin..........	0,62 — 0,47
Carré........	0,54 — 0,44
Coquille	0,50 — 0,42
Écu.......	0,51 — 0,40
Couronne......	0,47 — 0,35
Tellière......................	0,45 — 0,34
Pot.........................	0,40 — 0,31
Cloche......................	0.39 — 0,30

D'autre part, on nomme :

In-plano. La feuille entière.		
In-folio. La feuille divisée en		2
In-quarto.	—	 4
In-six.	—	 6

In-octavo. La feuille divisée en........... 8
In-douze.   —   ·   .,........ 12
In-seize.   —   16
In-dix-huit.   —   18
In-vingt-quatre.   — 24
In-trente-deux.   —   32

———————

CHAPITRE XV

Encrage et rouleaux.

Encre. — L'encre lithographique, qualité extra, quelle que soit sa couleur, est celle qu'il faut employer. Un beau *noir dessin extra* donnera toujours des images supérieures en brillant, en vigueur et en demi-teintes aux noirs ordinaires employés dans la lithographie courante. La valeur de cette substance n'est rien si on la compare au prix de vente des épreuves phototypiques. On ne saurait donc recourir à une encre trop bien broyée et trop riche en matière colorante solide.

Dans l'état pâteux où se trouve l'encre quand elle sort de chez le fabricant, on ne pourrait l'employer ; elle ne s'étendrait que très difficilement sur la table au noir et sur le rouleau. On doit en prendre dans la boîte une petite partie, que l'on étend, à l'aide d'une râclette, de quelques gouttes de vernis gras fort. On brasse bien ce mélange sur un des coins de la table et, quand on le juge ar-

rivé à la consistance convenable, on en prend un
peu sur le couteau, puis on l'étend assez également
sur le rouleau à garnir. Saisissant alors ce dernier
des deux mains par ses deux manches, on le promène sur le marbre en allant et venant avec rapidité et vigueur jusqu'à ce que le voile noir qui
s'est formé sur la table paraisse régulier et que le
rouleau soit bien garni sur tous les points de sa
circonférence.

L'encre doit être plutôt dure que liquide, et c'est
pour ce motif que nous indiquons l'usage d'un
vernis fort. Dans certains cas, on pourrait donner
à l'encre un degré de fluidité plus élevé; c'est surtout quand on voudra corriger une trop grande
dureté, ou bien encore quand, usant de deux
encrages distincts, on débutera par une encre
dense pour bien meubler les noirs et les oppositions, pour continuer par une encre plus fluide,
distribuée sur un autre rouleau et destinée à donner
de la douceur à l'image sans que rien de sa vigueur
ne soit perdu. La couleur de cette deuxième encre
pourra différer de celle de la première. L'effet produit sera souvent plus agréable ainsi. Il n'est point
d'autres règles à donner en ce qui concerne l'encre,
et, à l'usage, chacun saura bien vite préparer celle
qui lui semblera donner les meilleurs résultats appropriés aux effets à réaliser.

C'est ici une question de pratique et de goût et
au sujet de laquelle on ne peut donner que des in-

13.

dications générales. Nous sortons du domaine photographique pour entrer dans celui de l'imprimeur lithographe.

La photographie n'a plus aucun rôle à jouer. Elle a tracé et modelé l'image, celle-ci est sur un véhicule solide. Il appartient à l'imprimeur, qui doit la révéler pour ainsi dire, de traiter sa planche d'impression avec toutes les précautions requises pour obtenir un bon tirage tout comme s'il opérait sur pierre lithographique ou sur une planche de métal.

Rouleaux. —On peut employer pour la phototypie les mêmes rouleaux en cuir lisse ou à poils dont se

Fig. 16.

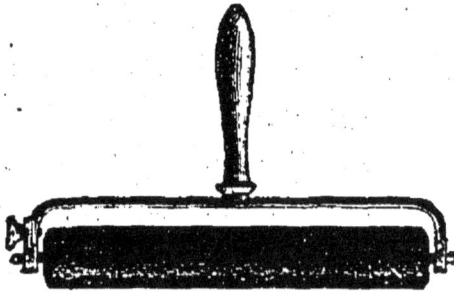

servent les lithographes ou bien encore des rouleaux en gélatine (*fig.* 16), que chacun peut faire soi-même en ayant un moule *ad hoc* et en y coulant une matière que l'on trouve toute faite dans le commerce.

Le rouleau dit *à poils* convient mieux pour encrer l'image, et le rouleau lisse sert à la dégager, à enlever le léger voile qui recouvre les blancs, à l'*épurer*, pour nous servir d'une expression employée dans les ateliers.

Ces rouleaux, avant d'être mis à l'usage, doivent être *faits*. C'est une opération qui dure quelques jours et qui a pour objet de garnir le cuir, de le saturer de vernis gras. Il acquiert ainsi une élasticité qu'il n'aurait pas si on l'employait dans son état de rouleau neuf. Pour faire les rouleaux, on les roule avec force sur une table après en avoir recouvert quelques parties avec du vernis lithographique. On les promène dans tous les sens pour les bien garnir, puis on les laisse au repos jusqu'au lendemain, où l'on reprend la même opération, en ajoutant encore du vernis pour remplacer celui que le cuir a absorbé. Le rouleau est *fait* quand il est saturé de vernis et qu'il a acquis une souplesse à l'encrage dont un homme du métier s'aperçoit bien vite. Cinq à six jours de ce traitement suffisent pour amener les rouleaux à l'état de rouleaux propres à l'usage. Il n'y a pas à se préoccuper d'une précaution de ce genre avec les rouleaux de gélatine.

Ceux-ci sont susceptibles de se ramollir au moment des grandes chaleurs; il faut alors lutter contre cette action de la chaleur en les durcissant davantage par un lavage abondant à l'eau contenant de l'alun de chrome à saturation. De cette façon, l'on peut s'en servir en tout temps.

Les rouleaux en gélatine ne sont bons que lors-

que la matière qui les forme a assez d'affinité pour
l'encre grasse; il faudrait rejeter ceux qui la pren-
draient difficilement, ou ne s'en servir que dans
le cas des plaques surexposées.

L'alun de chrome a la propriété de rendre la matière des rouleaux en gélatine réfractaire à l'encre.
Il faut donc en user tout juste assez pour éviter un
ramollissement préjudiciable de cette matière sans
arriver jusqu'à un durcissement trop prononcé.

Après le travail, il faut avoir toujours bien soin
de nettoyer les rouleaux, soit avec le couteau à
râcler, soit avec de l'essence de térébenthine; ils
se détérioreraient bien vite si on laissait l'encre
s'épaissir et se dessécher à leur surface. L'emploi
du couteau à râcler exige une certaine habitude;
on doit, tout en enlevant toute la couche qui adhère
à la surface du rouleau, diriger la lame tangen-
tiellement à la circonférence de manière à ne jamais
l'entamer; sans quoi le rouleau serait bientôt rempli
de coupures ou de facettes, et l'encrage, pour des
dessins modelés surtout, apparaîtrait tout coupé
par des raies et des taches. Il est essentiel que le
rouleau porte partout, et ait un mouvement bien
circulaire, bien continu.

La couture, qu'il est impossible d'éviter, laisse
souvent une trace désagréable, que l'on fait disparaître en changeant la place où elle tombe et surtout en épurant l'encrage au rouleau à poils avec le
rouleau lisse. Les rouleaux en gélatine offrent cet

avantage, de n'avoir aucune couture, aucune partie en creux ou en saillie ; toute leur qualité réside dans la nature même de la matière employée ; elle est, comme nous venons de le dire, plus ou moins apte à se garnir de noir. Il faut, pour la phototypie, qu'elle ait de l'*amour*, mais pas trop ; entre deux matières, nous conseillerons toujours celle qui est plutôt apte à recevoir trop d'encre que celle qui en prend trop peu.

Le nettoyage des rouleaux en gélatine s'opère avec de l'essence de térébenthine ou de pétrole. Le couteau n'a ici jamais à intervenir.

Pour éviter la déformation de ces rouleaux, il faut toujours avoir soin, quand on ne s'en sert pas, de les poser sur leur manche de façon que la gélatine ne porte sur rien ; sans quoi, par son propre poids, elle s'affaisserait peu à peu, en été surtout, où elle est un peu plus molle, et les rouleaux perdraient leur forme cylindrique parfaite. La même précaution est à prendre pour les rouleaux en cuir, qu'il faut toujours poser par leur manche sur des rateliers *ad hoc* ou mettre verticalement dans une planche percée de trous. Quand on imprime sur des glaces où se trouvent de légers creux, les rouleaux en gélatine, par suite de la souplesse de leur substance, portent mieux l'encre dans toutes les cavités ; mais, à part cela, nous n'avons pas de raison sérieuse pour les recommander de préférence à ceux en cuir ; peut-être leur seraient-ils préférables

pour cette raison aussi que leur frottement est plus
doux et fatigue moins les couches imprimantes.
Cela est à considérer quand on travaille sur des
couches peu solides, mais c'est de peu d'importance
quand celles-ci ont toute la solidité voulue.

L'expérience et l'habitude rendront maître, et
chacun, suivant son travail, saura bien vite choisir parmi les outils que nous indiquons.

On a encore recommandé des rouleaux en verre
dépoli. Nous ne saurions croire qu'ils vaillent ceux
que nous avons décrits, tout au plus pourraient-
ils servir comme rouleaux de décharge quand, la
plaque étant bien et régulièrement encrée, on vou-
drait nettifier les blancs et désempâter un peu les
noirs. Le rouleau en verre devrait alors être tout à
fait propre. Or, on arrive à un résultat identique
avec un rouleau lisse en cuir que l'on promène
rapidement à la surface de l'image; il épure les
blancs sans enlever trop du noir, et l'on peut, sans
le nettoyer souvent, s'en servir comme épurateur.
Nous préférons toujours les substances souples à
tout ce qui amène contre la plaque imprimante le
frottement d'un corps rigide, tel que du verre, du
métal, de la pierre, etc. Si dure que soit la couche
de gélatine, elle demande encore à être traitée avec
beaucoup de précaution, et c'est, selon nous, faire
fausse route, que de la mettre en contact avec des
corps manquant de souplesse et, par suite, capables
de l'altérer plus vite.

CHAPITRE XVI

Tirage à la presse.

Le travail le plus délicat dans l'application du procédé des impressions à l'encre grasse réside dans le tirage de ces épreuves après que la plaque a été mise en parfait état de recevoir l'encre dans les proportions exactes pour donner une contre-valeur identique du négatif. Un bon ouvrier imprimeur-lithographe se trouvera cependant bien vite au courant de cette opération, et il réussira à souhait pourvu qu'il soit doué d'un certain goût et qu'il sache se rendre compte de ce que l'on appelle une bonne épreuve.

Pour guider le travail de l'imprimeur, on fera bien de mettre sous ses yeux une bonne épreuve, tirée au chlorure d'argent sur albumine, du négatif qui a impressionné la couche de gélatine. Il retrouvera là les moindres valeurs du cliché, et il lui sera facile de vérifier le rendu de son impression et de charger plus ou moins à l'encrage, s'il est néces-

saire, pour que l'impression à l'encre grasse se rapproche le plus possible de celle au sel d'argent.
C'est une question de soin et de goût plutôt que
d'habileté. Si le temps d'exposition à la lumière a
été convenable, le tirage sera forcément excellent.

Il importe de remarquer que l'on atteindra difficilement, dans les noirs, les transparences de l'é-
preuve sur albumine. L'encre grasse est mate une
fois sèche, et ce n'est que par un vernis passé à sa
surface que l'on arriverait à conserver la transparence des ombres vigoureuses. La nature du cliché
employé joue naturellement un rôle très sérieux
au point de vue du résultat à obtenir, et c'est pourquoi l'imprimeur se rendra difficilement compte de
ce qu'il doit tirer de sa plaque, s'il n'a sous les
yeux l'épreuve que peut fournir le cliché.

Dès que l'imprimeur est arrivé à tirer une
épreuve qu'il croit être dans les meilleures conditions, il doit la poser à côté de lui comme type, et
il la comparera avec toutes les autres épreuves au
fur et à mesure du tirage. Il s'assurera ainsi si elle
est trop chargée en encre ou si, au contraire, il se
produit de trop grandes duretés, et il lui sera facile de corriger les défauts constatés, soit en durcissant un peu l'encre de sa table, soit en y ajoutant
une pointe de vernis moyen pour la rendre moins
dure et plus apte à produire les demi-teintes.

Si, malgré ce dernier soin, il ne pouvait échapper à des blancs trop prononcés, il devrait en con-

clure que la gélatine est trop humide, qu'elle
a absorbé une trop grande quantité d'eau, et il
devrait suspendre le tirage pour laisser s'évaporer
une partie de cette humidité en excès, à moins que
le défaut ne soit la conséquence d'un manque de
pose à la lumière, ce qui est irrémédiable.

Si, au contraire, l'épreuve est trop noire, si les
demi-teintes sont trop chargées, même avec de
l'encre très dure, c'est que la plaque manquera
d'humidité ou qu'il y aura un excès de pose à la lumière. On doit augmenter alors la saturation d'humidité en ajoutant à l'eau une très légère quantité
d'ammoniaque ou encore quelques grammes de
fiel de bœuf.

Il est bien entendu que ce liquide doit être passé
sur la plaque après qu'on l'a nettoyée à l'essence
de térébenthine. On peut pourtant, quand on veut
donner encore plus de brillant à l'épreuve, laisser
les noirs couverts, réservés par l'encre d'impression, et laver seulement les blancs. L'image aura
ainsi plus d'opposition, mais cet effet ne se main-
tiendra pas.

Suivant la nature de la gélatine et surtout suivant que l'adhérence de la couche au support rigide est plus ou moins complète, le nombre d'é-
preuves que l'on obtient d'une plaque peut n'être
que de 50 ou 60, ou bien il peut être assez considérable pour atteindre des chiffres de 500 de 1000 et
même davantage.

Les soins apportés au tirage contribuent pour beaucoup à la durée de la plaque : ainsi, l'on doit veiller à une propreté rigoureuse des rouleaux, que l'on doit tenir à l'abri de toute poussière, de tout grain dur, qui rayerait infailliblement la couche de gélatine.

Les chiffons qui servent à l'essuyage, l'eau elle-même, l'éponge, tout doit être dans un état de netteté, de propreté et de pureté qui éloigne les chances d'accidents, taches et éraillures.

Quand l'imprimeur s'aperçoit que l'épreuve tend à se voiler, il n'a, comme nous venons de le dire, qu'à faire absorber à la couche de gélatine une plus grande quantité d'humidité; mais, avant de la mouiller, il doit la débarrasser par un lavage à l'essence de térébenthine de toute l'encre grasse qui a pu rester à sa surface après un tirage en décharge à la presse.

Les chiffons qui servent à l'essuyage de l'essence doivent être bien distincts et tenus dans une case à part de ceux qui servent à l'essuyage de l'eau ou du liquide à la glycérine.

Autant que possible, il faut employer des essences maigres, afin de ne pas rencontrer trop de difficulté lors du mouillage à l'eau, qui, sans cela, repoussée par le corps gras, mouille difficilement la surface de la couche; il faut y revenir à plusieurs fois pour que ce mouillage soit complet; et, l'absorption de l'eau se faisant inégalement, on aperçoit au tirage des marbrures qui maculent l'image et dont on ne se débarrasse que par un mouillage plus long et plus égal.

Quand cet accident se produit, il en résulte souvent une perte de temps assez sérieuse, s'il n'est pas nécessaire même d'abandonner momentanément la plaque tachée pour la ramener à un bon état tandis que l'on s'occupe d'en tirer une autre.

Les diverses qualités du papier employé, les pressions plus ou moins fortes, le foulage plus ou moins grand, sont des conditions de succès ou d'insuccès : il faut donc tenir compte de tous ces détails.

Il est certain, en effet, qu'une même plaque encrée de la même façon produira des résultats différents suivant que le papier sera grenu ou lisse, *couché* ou non *couché*. En faisant varier la pression, le résultat variera aussi; il faut la régler de façon à bien enlever toute l'encre de la plaque. Le foulage aide pour arriver à ce dernier résultat dans les cas où il est des creux dans lesquels doit pénétrer la feuille à imprimer. Ce foulage s'obtient en plaçant entre le cylindre et la feuille à imprimer quelques feuilles de papier ou une feuille de caoutchouc vulcanisé. Si la surface de la plaque imprimante ne présente aucune dépression, il est peu nécessaire d'avoir un foulage très marqué. Pourtant, nous croyons devoir conseiller de ne jamais imprimer en interposant une matière trop dure, comme du carton à satiner , par exemple, ou du bristol, ne serait-ce que pour éviter les accidents, plus fréquents à la surface de la plaque quand des corps trop durs y sont entraînés par l'encre ou par l'air en mouvement. S'il y a du foulage, une partie de l'effet se produira dans l'épaisseur du coussin, tandis que, dans le cas contraire, c'est la couche de gélatine qui supportera tout le mal, se traduisant par un enfoncement de la couche ou par une éraillure, et puis par un rapide enlèvement de sa surface, si la couche n'adhère pas à la glace d'une façon parfaite.

Tirage des épreuves avec marges. — Quand il n'est pas nécessaire d'avoir des marges, on pose la feuille à imprimer directement sur la plaque sans s'occuper des bords de l'image, puisqu'il devront être rognés après. Mais il n'en est pas de même quand l'image doit se détacher proprement sur des marges nettement délimitées. L'imprimeur doit alors recouvrir les quatre bords de l'image, sur la plaque, de bandes de papier mince enduit de paraffine et ne poser la feuille à imprimer qu'après avoir pris cette précaution. Les bords de l'image, sur la plaque, se trouvant ainsi isolés du papier à imprimer, ne peuvent se maculer, et l'on a une marge bien nette et aussi grande qu'on peut le désirer.

Comme ce travail de la pose et de l'enlèvement des bandes, pour chaque tirage, implique une perte de temps assez considérable, on peut, pour les tirages en grand nombre, d'une même plaque, user d'un cadre qui porte une ouverture correspondant à l'image elle-même, et cette ouverture doit être bordée du papier mince à la paraffine. De cette façon, il suffit de rabattre le cadre sur la plaque avant d'y poser la feuille et de relever le cadre après que la pression a eu lieu.

Si mince que soit le papier employé pour délimiter les bords de l'image, il finit toujours par couper la gélatine tout autour, et, après un certain nombre d'épreuves, il convient de remplacer l'ouverture qui a servi jusque-là par une autre un peu plus restreinte, de un demi-millimètre tout autour, pour cacher le trait résultant de la première coupure.

L'emploi d'un coussin, donnant du foulage, permet d'éviter que cette coupure ne se produise avant que la plaque n'ait fourni un assez grand nombre d'épreuves.

Avec des presses perfectionnées telles que nous les comprenons, des hausses pourraient être adaptées et rendraient plus facile la conservation de la plaque, la pression ne portant plus alors que sur les points utiles de la surface de la plaque.

La manière d'arranger le cliché, avant l'impression sur gélatine, contribue pour beaucoup à la facilité des tirages avec marges.

On doit, du côté même de la surface vernie,

14.

poser des bandes de papier d'étain aussi minces que possible, coupées très nettement et encadrant parfaitement les bords de l'image. Ces bandes ne doivent pas être larges de plus de un demi-centimètre. La partie de l'image correspondant à cette bande absolument opaque sera complètement blanche, et il ne sera plus utile alors de donner à l'ouverture les dimensions exactes de l'image; elle pourra être plus grande, et l'on aura, pour en faire varier les dimensions, au cas d'une coupure, cet espace de 5 millimètres, dans lequel on pourra se mouvoir sans être exposé à rien mordre sur l'image, et en allant naturellement du bord extérieur de la zône blanche vers l'image pour cacher le trait de coupure. Cette bande blanche, servant de cadre à l'image de la couche de gélatine, permettra d'employer une hausse d'une dimension plus grande de 1 à 2 millimètres tout autour sans qu'il en résulte sur l'image même un rebord manquant de netteté.

On nous demandera pourquoi nous ne garantissons pas contre la translucidité tous les bords de la plaque. Nous répondrons à cela qu'il est nécessaire, pour éviter que le papier ne se déchire trop vite dans les tirages sans marges, de laisser les bords, en dehors du cadre blanc, prendre un peu de noir. L'encre grasse isole alors la plaque du papier et celui-ci ne s'y colle pas comme il le ferait s'il rencontrait une grande surface blanche saturée d'humidité et poissant toujours un peu, surtout quand la couche est préparée avec certaines qualités de gélatine. Une coagulation suffisante peut prévenir cet effet désagréable, qui se produit surtout aussi quand la couche de gélatine bichromatée est trop épaisse ; ou bien un lavage local avec de l'eau additionnée d'un peu de fiel de bœuf.

Que le tirage s'opère avec ou sans marges, mais sur une presse à bras, il sera toujours difficile d'obtenir très rapidement un grand nombre d'épreuves. Nous pensons que la moyenne pour des tirages sans marges sera de 100 à 150 par jour et de 70 à 100 quand on a à poser des bandes. L'emploi du cadre rend le tirage avec marges bien plus expéditif, et il peut alors être produit dans les conditions du premier, à peu de chose près.

Quand on veut aller plus vite, il faut employer des machines cylindriques rotatives analogues à celles de la lithographie à vapeur et dans lesquelles la feuille est posée sur le cylindre et non sur la plaque.

Dans ce cas, on peut arriver à des tirages réguliers d'environ 1000 à 1200 par jour, et même au delà quand il s'agit de sujets qui exigent moins de soins et qu'on peut tirer sans se soucier de la propreté des marges.

CHAPITRE XVII

Retouche des épreuves.

Si parfaite que soit la planche d'impression, il
est fort rare qu'il n'y ait pas à retoucher les épreuves, ne fût-ce que pour cacher quelques points
blancs.

Il n'est pas question, surtout pour des tirages
considérables, d'une retouche comme celle que l'on
fait subir à certaines impressions photographiques
au sel d'argent. Et d'ailleurs, quand le cliché est
complet, ou retouché dans ses parties défectueuses,
il est rare qu'il y ait quoi que ce soit à ajouter aux
épreuves à l'encre grasse.

Seulement, au cours du tirage, il peut s'être produit tel petit accident, occasionné par la chute de
quelque grain de poussière, qui a produit des taches plus ou moins marquées, soit noires, soit blanches. Il faut y remédier en comblant les vides par
de la matière colorante assortie au ton des images
ou bien en en supprimant l'excès à l'aide du grat-

toir ; quand la partie plus foncée a disparu, il reste
généralement une tache claire, que l'on ramène au
ton voulu à l'aide du pinceau.

Ces retouches s'exécutent très rapidement et sans
aucune difficulté, le papier sur lequel on les pratique étant généralement mat. On ne peut les aper-
cevoir pourvu qu'on use de couleurs peu gom-
mées.

Dans le cas des épreuves à vernir, on ne doit
s'occuper de la retouche qu'après qu'elles ont été
gélatinées, à moins qu'elles n'aient été imprimées
sur un papier imperméable au vernis.

La matière colorante qui convient le mieux est
celle qui a précisément servi à l'impression elle-
même, mais on a soin de la délayer dans un peu
d'essence de térébenthine ; de la sorte, il sera inutile
de chercher à former le ton en mélangeant diverses
couleurs. Et, de plus, la substance de la retouche
sera la même que celle qui a formé les images. On
peut alors procéder à la retouche avant le gélatinage sans craindre que cette dernière ne soit enlevée par l'eau.

Quand on a affaire à des tirages en noir, le crayon
lithographique suffit parfaitement. Sa matière grasse
s'harmonise aussi très bien avec l'effet général de
l'épreuve. La mine de plomb ne conviendrait pas,
à cause de son aspect brillant et d'un gris métallique que n'ont jamais les épreuves à l'encre
grasse.

En général, ces retouches ne porteront jamais que sur des points blancs ou noirs, car il ne faudrait pas songer à corriger des demi-teintes ou d'autres imperfections. Le mieux serait, en présence d'une plaque fournissant une épreuve défectueuse, de recommencer l'impression de la couche sensible ou de corriger le cliché négatif.

Avec de la gomme élastique *grattoir*, on nettoie très bien les marges quand une teinte légère y a été déposée par accident, par suite surtout du frottement de la cache salie au cours du tirage ou quand il y a des marques de doigts. On nettoie ainsi le dos des images quand, par le frottement contre une autre épreuve, il a pris du noir, ce qu'il faut éviter en employant des intercales.

CHAPITRE XVIII

Vernissage et montage des épreuves phototypiques tirées sans marges.

Les épreuves phototypiques destinées à être montées sur carte ou sur bristol peuvent être laissées avec leur aspect mat, ou bien il faut quelquefois les vernir pour leur donner plus de transparence et d'éclat, et le plus souvent pour que leur ressemblance avec les épreuves photograpiques ordinaires soit plus complète.

Dans le premier cas, il n'y a qu'à rogner les épreuves et à les coller à la colle de pâte sur leur support définitif, préalablement imprégné d'humidité et assez distendu par ce fait pour que le jeu des deux papiers s'effectue dans le même sens, lors de la dessiccation, après le collage de l'épreuve.

On évite ainsi que le bristol ne gode, ce qui est fort désagréable. Quand ces montages sont arrivés à un point de siccité suffisant, on passe les feuilles dans un laminoir à satiner, de façon à bien incorporer l'image collée dans l'épaisseur du carton et à satiner convenablement sa surface.

L'épreuve phototypique acquiert ainsi plus de solidité, elle est moins sujette à abandonner du noir par le frottement et à se détériorer. C'est une sorte de fixage de ces épreuves.

Il faut ne procéder à ce satinage que lorsque le vernis gras s'est déjà assez durci, assez séché pour ne plus décharger sous la pression du cylindre. Si l'on s'apercevait que l'image se dédouble au satinage, il y aurait lieu de le différer jusqu'au moment où la siccité du corps gras permettrait ce travail sans qu'il y eût à perdre de la matière colorante.

Les épreuves à vernir peuvent être de deux sortes, suivant qu'elles auront été imprimées sur papier *couché* ou sur papier non couché.

Si le papier est *couché*, ou albuminé, sauf à coaguler ensuite, on peut procéder à leur vernissage immédiat sans avoir à craindre la pénétration du vernis dans l'épaisseur du papier. Mais si le papier n'est pas recouvert d'un enduit isolant, il est indispensable de le gélatiner avant de le vernir.

Le gélatinage se fait au pinceau avec une dissolution tiède de 10 0/0 de gélatine blanche dans 100 grammes d'eau ordinaire.

On passe la gélatine régulièrement avec un large pinceau, dit *queue-de-morue*, et en évitant, autant que faire se peut, soit les épaisseurs de gélatine, soit les bulles d'air. Avec un peu d'habitude, on arrive bien vite à exécuter cette opération sans aucune difficulté.

Les épreuves gélatinées sont piquées avec des punaises, deux ensemble et dos à dos, sur des liteaux en bois recouverts de bandes de liège, et, quand elles sont sèches, on procède au vernissage.

Le meilleur vernis à employer est celui qui, tout en restant blanc, est le plus susceptible de fournir un enduit dur et difficile à rayer.

Nous préférons la gomme laque blanche en dissolution dans l'alcool méthylique à 15 0/0.

Quand on met à dissoudre de la gomme laque dans de l'alcool, on remarque que la solution est troublée par des matières grasses tenues en suspension. Si, comme l'indique M. Peltz, on ajoute de la chaux en poudre, on obtient une solution dont les trois quarts sont limpides, et ce qui reste filtre rapidement, même à travers un feutre.

On peut encore mettre une partie d'essence de pétrole ou de benzine pour trois parties de vernis. Il se forme deux couches; la supérieure contient la matière grasse, que l'on élimine ainsi. Il est bon de séparer le corps gras, sans quoi le filtrage est très lent, et l'on n'a qu'un vernis peu brillant.

Ce vernis est passé au tampon avec assez de soin pour éviter les bulles d'air, et, dès que l'épreuve en est recouverte, on la pose dans une étuve spéciale, dont nous donnons ici le dessin (*fig.* 17).

C'est tout simplement une caisse en tôle, rectangulaire, d'une longueur d'environ 1 mètre et de $0^m,25$ de hauteur. Un tube à gaz, percé de trous de distance en distance, tous les 6 à 8 centimètres, traverse la partie supérieure de cette boîte, dont la face antérieure est ouverte aux deux tiers; une toile métallique sépare le tiers supérieur des deux autres tiers et forme la cloison intérieure de la chambre,

Fig. 17.

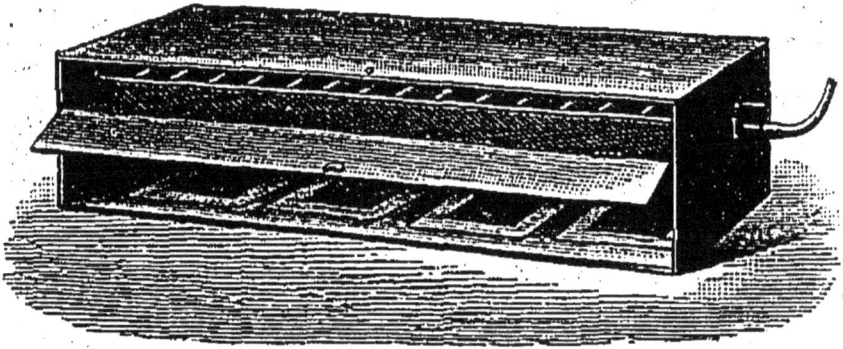

qui est traversée par la grille. La cloison latérale antérieure de cette chambre est munie de charnières pour qu'on puisse l'ouvrir et allumer des becs. Par la partie ouverte antérieure, on introduit les épreuves, que l'on pose sur le sol de la caisse. La chaleur, emprisonnée dans ce milieu, suffit pour sécher rapidement le vernis, et la toile métallique interposée évite tout danger de l'inflammation de l'alcool volatilisé par la chaleur.

Avec un appareil de ce genre, on peut vernir très rapidement un très grand nombre d'épreuves.

On n'a plus ensuite qu'à les rogner et à les coller comme d'habitude. Seulement, on doit, pour éviter de détruire en partie l'effet du vernis par le gonflement de la pâte du papier, avoir soin de ne pas trop le mouiller avec de la colle et surtout ne pas le laisser trop longtemps avec le dos recouvert de colle avant le montage.

On laisse sécher et l'on satine comme il a été dit plus haut.

Pour éviter le gélatinage, on pourrait, après que le tirage est assez sec, passer une à une chaque épreuve sur la surface d'un liquide ainsi composé :

Eau	500 grammes.
Borax	130 —
Gomme laque blanche	100 —
Carbonate de soude......	6 —

On fait dissoudre le borax, additionné du carbonate de soude, dans l'eau en ébullition, et l'on y ajoute la gomme laque blanche par petites quantités. On filtre avec soin. Les épreuves, passées sur ce bain à froid, sont piquées deux à deux, dos contre dos, sur des liteaux portant des pointes, et, quand elles sont sèches, on peut les vernir à chaud. De cette façon, il n'y a jamais, à la surface de l'image, que du vernis à la gomme laque sans interposition d'une matière organique, comme la gélatine, susceptible de se ramollir à l'humidité, d'amener des moisissures et l'altération du papier et, par suite, de l'image qu'il porte. En hiver, il convient de faire l'opération du mouillage à la gomme laque dans une pièce assez chaude, et le bain lui-même doit être maintenu à une température moyenne de 15 à 20 degrés centigrades.

On peut encore arriver à boucher les pores du papier à vernir par un léger parcheminage. Pour cela faire, on prépare un mélange froid composé de :

> 1 volume d'eau.
> 2 —   d'acide sulfurique.

On immerge pendant très peu d'instants les épreuves, une à une bien entendu, dans ce mélange, et on les plonge rapidement dans une grande quantité d'eau froide. On peut, pour neutraliser complètement l'effet de l'acide, terminer le lavage dans une cuvette contenant de l'eau additionnée d'une petite quantité d'ammoniaque.

Pour éviter le gondolage du papier parcheminé, gondolage qui provient d'une tendance à se contracter inégalement pendant le séchage, il faut le laisser sécher sous une certaine pression, ou bien en tendant les feuilles sur des châssis.

Ce mode d'occlusion des pores du papier ne saurait être employé d'une manière courante, mais il est des cas où il peut convenir par l'aspect diaphane, *parcheminé*, —c'est le mot propre,—qu'il donne au papier et dont l'effet peut être agréable pour certains genres d'épreuves.

Il faut éviter de pousser trop l'action du parcheminage, qu'il suffit d'obtenir sur la surface même
du papier sans qu'il pénètre trop avant dans son
épaisseur. Le vernis restera tout entier à la surface
parcheminée, mais il devra être passé tandis que
l'image est tendue, pour que la chaleur nécessaire
au vernissage ne gondole les épreuves et ne
déforme à ce point le papier qu'il se prêterait mal
ensuite au montage.

CHAPITRE XIX

Applications de la Phototypie.

Nous aurons bientôt résumé toutes les applications dont est susceptible la phototypie en disant qu'elle se prête à tous les usages auxquels on emploie la lithographie et la chromo-lithographie. Elle est un art absolument parallèle ou analogue à ces derniers, avec cette seule différence que c'est la lumière qui remplace l'œuvre du dessinateur, dont les traits et les modelés sont exécutés sur la pierre à la plume ou au crayon.

On peut, par la phototypie, non seulement imprimer de toutes les couleurs, mais encore grouper à l'aide de repères ces diverses couleurs pour en faire un seul et même tableau ; on peut, tout comme en lithographie, encrer les planches imprimantes avec des oxydes métalliques en vue des applications à la céramique. On peut imprimer sur étoffes diverses et y obtenir d'un seul coup des images admirablement modelées, que l'on rendra solides si l'on introduit dans l'encre un corps fixateur, comme de l'albumine, par exemple. Il n'y a plus ensuite qu'à la coaguler par la chaleur après l'impression.

En employant un procédé du genre de celui qu'a proposé M. Ernest Edwards, on peut réaliser une sorte de teinture photographique. On se sert pour imprimer la plaque phototypique d'un positif transparent, et, après le traitement habituel, — dégorgement, lavage, etc., on la recouvre d'eau tenant en dissolution une matière colorante. Ce liquide pénètre la couche proportionnellement à l'action de la lumière. On applique alors à sa surface un papier ou une étoffe mordancés comme pour la teinture, et l'on donne la pression. La teinture contenue dans les parties non insolées de la gélatine se fixe sur le papier, et l'on obtient ainsi une image positive dont la teinte varie selon la matière colorante employée et la nature du mordant.

Quand on emploie des oxydes métalliques qu'il faut reporter sur une surface d'émail de porcelaine ou de faïence, il faut se servir, non pas d'un papier gommé, qui se collerait trop vite sur la gélatine, mais d'un papier albuminé comme celui dont on se sert pour les impressions aux sels d'argent. Le transport sur les surfaces à décorer se fait également bien, et l'image s'imprime infiniment mieux sur la gélatine non coagulée que sur la gomme, où elle donne peu de son encre.

En mouillant le dos du papier albuminé, on détache très facilement l'épreuve à transporter. On peut ainsi produire en une ou plusieurs couleurs toutes les images possibles pour faire de la décalcomanie décorative.

L'illustration des ouvrages peut se faire par la phototypie, non seulement, comme on l'a fait jusqu'à ce jour, par des images monochromes tirées hors texte, mais encore par des photochromies, ainsi que nous l'indiquerons dans un traité spécial à ce genre d'impressions, et, ce qui est d'une très grande importance, on arrive, en appliquant notre procédé personnel de phototypie, à pouvoir intercaler les planches dans le texte tout comme on le fait avec les bois, cuivres et zincs typographiques. C'est là un service que ne peut rendre la lithographie que si l'on reporte des caractères typographiques sur la pierre elle-même autour des vignettes, tandis que nous pouvons avoir des planches phototypiques qui auront la dimension exacte de la justification de l'ouvrage, et l'on procédera tout comme d'habitude lorsqu'on a composé avec des caractères et des planches typographiques.

C'est là, selon nous, une des plus sérieuses applications de la phototypie. Elle sort ainsi du domaine du restreint pour devenir d'un emploi courant; elle remplace le dessinateur dans la plupart des cas, et ses images, tirées en même temps que le texte, dans une seule et même opération, reviennent à des prix infiniment moins élevés que ceux des images tirées hors texte.

Notre système d'exécution des planches phototypiques nous permet d'en étendre l'emploi à tous les genres d'impressions possibles, puisqu'on peut les poser sur des surfaces cylindriques tout comme sur des surfaces planes.

Le tirage de ces sortes de clichés est certainement plus délicat que celui des *bois* ordinaires ; il ne peut s'effectuer aussi rapidement, mais on a comme compensation des images dont le dessin et la gravure coûteraient fort cher sans qu'on pût rivaliser jamais avec l'œuvre de la lumière. Dans une foule de circonstances, il est préférable d'appeler la photographie à son aide, puisqu'elle est une preuve d'authenticité, et la part des dessinateurs demeure encore bien grande tout de même, parce que l'on ne peut pas toujours avoir un cliché photographique d'un objet à reproduire. Souvent même un dessin vaudra mieux, il sera plus net, plus explicatif, mais il faut s'attendre à voir ces deux modes d'exécution des planches s'unir dans un même ouvrage où l'on verra tour à tour, dans le texte, une vignette photographique et un dessin sur bois concourir à l'illustration, et sans qu'il en ait coûté, pour employer l'action de la lumière, plus cher que la main d'un artiste.

Quand on voit les beaux résultats qui sortent des ateliers de certains praticiens, on ne saurait dire

quel est le genre de reproduction qui convient le
mieux à la phototypie. M. Obernetter nous a envoyé
une collection de ses épreuves diverses où se trouvent des reproductions d'objets d'art en métal, des
reproductions de tableaux à l'huile et à l'aquarelle,
des portraits, des paysages d'après nature; nous
n'hésitons pas à avouer que, si nous n'avions
été averti que c'étaient là des épreuves à l'encre
grasse, nous aurions été porté à croire quelles
avaient été tirées au chlorure d'argent sur albumine. Nos doutes ont été même si grands, à
l'occasion de quelques-unes d'elles, où ne se trouvait aucune indication, que nous avons dû les
examiner sous le microscope pour y découvrir le
grain vermiculé (*fig.* 18) des impressions phototypi-

Fig. 18.

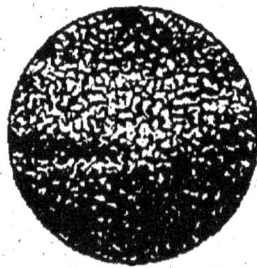

ques. L'illusion est complète à tous les points de
vue quand l'épreuve est vernie, et nous doutons que
l'on arrive à plus de profondeur dans les ombres,
à plus de douceur et de continuité dans le modelé
par aucun autre procédé. Les portraits, notamment,

sont remarquables, et bien que nous ayons généralement recommandé de s'abstenir des impressions
phototypiques appliquées aux portraits, nous
sommes obligé de reconnaître que M. Obernetter
est parvenu à des résultats qui changent absolument nos convictions.

Il va sans dire que les reproductions de paysages
sont aussi belles que par aucun autre moyen, et
tellement nettes et vigoureuses que nul ne saurait
de prime abord les distinguer d'épreuves très
réussies au sel d'argent.

Nous avons cité un des plus habiles opérateurs ;
mais, sans aller à Munich, nous trouvons en France
et ailleurs d'autres œuvres remarquables. Il n'y a
qu'à voir les chefs-d'œuvre que produit, dans le
Portugal, M. Carlos Relvas ; les beaux produits de
la Compagnie autotype de Londres, si fins et si
veloutés, et, chez nous, les monuments si bien re-
produits, si solides et si détaillés de M. Quinsac, les
diverses œuvres vraiment belles aussi qui s'exécutent chez M. Berthaud, à Paris, et chez M. Arosa, à
Saint-Cloud ; les reproductions diverses, enfin, qui
ont été exécutées, sous notre propre direction, dans
les ateliers de photochromie du *Moniteur universel*.

Nous pouvons bien affirmer aujourd'hui, avec
une entière conviction basée sur une foule de faits,
que la phototypie est le premier et le plus important de tous les procédés d'impression photographique. Elle se prête à tout, elle fournit toutes les

applications possibles, et ses résultats rivalisent avec les plus beaux qui aient jamais été obtenus jusqu'ici par les procédés les plus complets.

Elle fait mieux enfin que la plupart de ces procédés en produisant des épreuves inaltérables.

CHAPITRE XX

Produits et ustensiles nécessaires à la Phototypie.

Parmi les divers procédés d'impression photographique, la phototypie est certainement celui
dont l'emploi exige le moins de produits divers et
d'engins coûteux. Il est donc à la portée de tous
les industriels, si limitées que soient leurs res-
sources premières.

Les produits indispensables sont les suivants :

1. Gélatines de qualités diverses (pages 90-268) ;
2. Colle de poisson ;
3. Ammoniaque liquide ;
4. Alcool ordinaire ;
5. Bichromate de potasse ;
6. Bichromate d'ammoniaque ;
7. Glycérine ;
8. Albumine sèche (*voir* Chap. IX) ;
9. Acide sulfurique du commerce (pour nettoyage) ;
10. Chlorure de calcium ;

11. Talc ;

12. Acide tannique ou Tannin ;

13. Encre lithographique noire, qualité extra ;

14. Encre à report ;

15. Vernis lithographiques fort et moyen, encre de report ;

16. Encres lithographiques de diverses couleurs ;

17. Essence de térébenthine ;

18. Essence de pétrole ;

19. Benzine très maigre ;

20. Gomme arabique en morceaux ;

21. Acide chlorhydrique ordinaire ;

22. Acide azotique ordinaire ;

23. Acide acétique (pour nettoyage des plaques en cuivre) ;

24. Bicarbonate de soude (pour nettoyage des plaques en cuivre) ;

25. Fiel de bœuf conservé à l'aide de l'acide phénique ;

26. Alun d'ammoniaque ;

27. Alun de chrome ;

28. Acide salicylique ;

29. Alcool méthylique ;

30. Alcool ordinaire ;

31. Paraffine ;

32. Chlorure de zinc ;

33. Acide phénique ;

34. Gomme-laque blanche pour le vernis ;

35. Borax.

36. carbonate d'ammoniaque;

Ustensiles nécessaires à la Phototypie :

1. Glaces ou plaques de métal, cuivre ou zinc, divers formats;

2. Supports à vis calantes;

3. Cuvettes, entonnoirs, filtres, matras, récipients divers;

4. Étuve à air chaud, au pétrole, au gaz ou à l'eau chaude;

5. Châssis-presses appropriés au procédé employé;

6. Bassine à eau courante et à rainures pour faire dégorger les plaques;

7. Photomètre. Celui dont on a l'habitude;

8. Lampe à pétrole de M. Noël, ou fourneau à gaz;

9. Blaireaux;

10. Rouleaux *à poils*, *lisses* ou en gélatine;

11. Table ou marbre à encrer;

12. Presses à bras, soit à cylindre, soit à râteau, pour des tirages restreints;

13. Presse rapide à cylindre, mue à bras ou à la vapeur, pour des tirages nombreux;

14. Couteaux à ramasser et spatules;

15. Chiffons blancs de coton et éponges souples;

16. Niveau à bulle d'air;

17. Casiers et chevalets pour enfermer et supporter les glaces;

18. Presse à vis pour le nettoyage des glaces ;

19. Thermomètre à maxima et à minima ;

20. Thermomètre à tube gradué pour les dissolutions ;

21. Thermomètre ordinaire à mercure pour l'étuve ;

22. Papier buvard, papier soie et papier noir, dit à aiguille et feuilles très minces d'étain ;

23. Châssis négatif pour la chambre noire disposé pour renverser l'image ;

24. Entonnoir à filtrer les liquides chauds pour la gélatine, système de M. Brewer.

25. Entonnoirs cannelés en spirale, système de M. Dorsy ;

26. Gomme-grattoir ;

27. Matériel propre à la retouche : pinceaux et couleurs ;

28. Règles, équerres, tranchets, pour rogner les épreuves ;

29. Pinceaux, pots à colle, pour le montage des épreuves ;

30. Liteaux munis de pointes, pour piquer et faire sécher les tirages ;

31. Ratelier à rouleaux ;

CHAPITRE X

Photomètre.

Pour obvier à l'inconvénient que présentent les opérations que l'on fait *au jugé*, il est bon d'user de moyens certains de mesurer l'action de la lumière dans une limite de temps convenue, et l'on a, pour y arriver, des instruments plus ou moins simples et perfectionnés, que l'on appelle *Photomètres* ou *Actinomètres*.

Nous avons imaginé un de ces instruments, dont nous croyons inutile de répéter ici la description, que l'on trouvera dans notre *Traité de Photographie pratique au charbon* (pages 28 à 37) (¹).

Nous préférons donner place ici aux descriptions d'instruments de même nature imaginés depuis par d'habiles confrères, ceux surtout de M. Lamy et de M. Woodbury.

Nous laissons la parole à M. Lamy :

(¹) Publié par la librairie Gauthier-Villars.

Actinomètre Lamy.

« Le système de mon photomètre est lié principalement avec la méthode que j'emploie pour évaluer *en minutes de bonne lumière* (à l'ombre du soleil vers midi) la force d'impressionnement des négatifs.

« La constance de ses indications dépend aussi du mode de préparation du papier actinométrique.

« En conséquence, je vais tout d'abord expliquer comment je juge la force d'impressionnement des négatifs, et ensuite comment je prépare le papier actinométrique.

« *Évaluation de la force d'impressionnement des négatifs en minutes de bonne lumière.* — Choisir trois bons négatifs *inutiles* : l'un faible, le deuxième de moyenne force, et le troisième légèrement fort. Placer ces négatifs dans trois châssis, les charger avec mon papier au charbon n° 10 (¹) préalablement bichromaté à *trois pour cent* et les exposer *à l'ombre du soleil vers midi.*

« Généralement, les plus faibles négatifs de portraits demandent une exposition variant entre 6 et 9 minutes, ceux de force moyenne entre 10 et 13, et ceux un peu plus forts entre 14 et 17. Ces

_____

(¹) C'est le plus rapide pour positifs sur papier.

trois négatifs sont donc exposés pendant un de ces temps : le premier, par exemple, pendant 8 minutes, le second pendant 12, et le troisième pendant 16. Après exposition et développement, les épreuves sont jugées ; si elles sont un peu trop fortes ou un peu trop faibles, on recommence l'opération en diminuant ou en augmentant de plusieurs minutes les temps d'exposition. Dès que le développement accuse l'exactitude de ces impressions, on inscrit sur chacun des négatifs le chiffre de minutes qui les a fait produire bonnes.

« On a ainsi trois types de comparaison *numérotés*, qu'on peut envelopper d'une bordure de bois et placer à demeure sur le bâti d'une fenêtre dans l'intérieur d'un atelier. C'est là le seul travail un peu long qu'il soit nécessaire de faire. Dès qu'on possède ce tableau de comparaison, on est pour toujours en mesure d'évaluer facilement, rapidement et avec exactitude la vitesse d'impressionnement de tous les négatifs ([1]).

« Pour faire cette évaluation, on approche un négatif *à numéroter* de chacun de ces trois types de comparaison, et, par transparence, on juge s'il s'identifie, comme force, avec l'un d'eux. S'il y a

([1]) Les photographes qui ont à imprimer des négatifs, dont les uns sont obtenus à la manière humide, les autres à la manière sèche, puis encore des négatifs d'agrandissement, pourront, pour rendre plus facile l'appréciation, établir des tableaux de comparaison composés avec des négatifs de chacune de ces manières.

assimilation parfaite avec l'un de ces types, on applique sur le dos de ce négatif, vers une de ses cornes, une étiquette sur laquelle on inscrit le nombre de minutes du type de comparaison avec lequel il s'accorde. S'il ne peut s'assimiler exactement, on reconnaît cependant que, comme force, il se place, soit entre deux des types, soit avant le premier, soit après le dernier. En conséquence, on inscrit sur une de ses cornes, soit un chiffre intermédiaire de minutes, soit un chiffre de deux minutes au-dessous de celui marqué sur le premier type, soit un chiffre de trois minutes au-dessus de celui marqué sur le dernier. On apprécie et l'on marque de cette manière tous les négatifs, puis on les livre au tireur, qui, à l'aide de ces numéros et des actinomètres réglés et numérotés semblablement, peut produire de suite, avec le papier au charbon n° 10 et ceux qui marchent avec la même vitesse, sans aucun essai préalable, des épreuves imprimées « à point ».

« *Mode de préparation du papier actinométrique.* — Ce papier s'obtient en immergeant du papier Rives (8 kilog.), pendant 10 minutes, dans le bain suivant :

>   Eau distillée...................... 100 c. c.
>   Chlorhydrate d'ammoniaque........   2 gr.

« Ce papier salé, dont on marque l'envers, une fois sec, est appliqué pendant 4 minutes à la surface d'un bain d'argent dont voici la composition :

Eau distillée......................... 100 c. c.
Nitrate d'argent..... .... 12 gr.
Acide citrique...... .... 6 gr.

« C'est la quantité d'acide citrique introduite dans ce bain qui procure à ce papier la propriété de se conserver blanc. Si ancienne que soit sa préparation, il se teinte à la lumière, *toujours semblablement et avec égale vitesse*.

« Un morceau préparé depuis trois mois est resté aussi blanc que le premier jour.

« *Description de l'Actinomètre*. — Il diffère presque complètement des divers photomètres qui ont été indiqués jusqu'à présent.

« Sa teinte de comparaison est gris-rosé ; elle est unique, c'est-à-dire que c'est à l'aide de la même teinte, concurremment avec un ou plusieurs verres plus ou moins foncés en couleur et plus ou moins minces, que s'obtient l'effet nécessaire.

« Cette teinte de comparaison, chose très importante, est *inaltérable*, parce que sa matière colorante est de l'*émail* appliqué sur un support de papier.

« Ce papier d'émail, percé d'un trou sous lequel glisse le papier au chlorure d'argent, est collé sur un verre de couleur placé dans l'ouverture du couvercle, pour former le tableau de comparaison de l'instrument.

« Une bandelette de papier actinométrique est roulée autour d'un axe et est mise à une place spéciale à l'intérieur de l'instrument ; un petit ressort la maintient ; on en déroule quelques centimètres, de telle façon qu'un petit bout dépasse par l'ouverture extérieure.

« On ferme le couvercle et l'instrument est prêt.

« La lecture de la teinte est facile et se fait, à l'extérieur, sur le tableau du couvercle, sans qu'il soit nécessaire de toucher à l'instrument.

« Le renouvellement de la partie de papier actinométrique qui a servi s'obtient en tirant sur le bout qui dépasse.

« Avec la planchette que voici, je pourrai plus facilement vous faire comprendre comment, par ce système, j'arrive à indiquer tous les temps d'exposition.

« Sur cette planchette, se trouve un morceau de papier d'émail de nuance semblable à celui placé dans l'actinomètre pour la comparaison. Sous ce morceau, percé d'un trou, glisse une bande de papier actinométrique. Si, à une bonne lumière, j'expose la planchette ainsi garnie, je constate que la partie de papier actinométrique, visible à travers le trou, se teinte et s'assimile avec la couleur de l'émail de comparaison en 10 secondes. Mais, si je prends ce verre vert-clair et que je le place de façon à couvrir et le papier d'émail et l'ouverture à travers laquelle on voit le papier au chlorure d'argent, puis que j'expose le tout à la même lumière, je remarque que le papier actinométrique ne

prend plus la teinte en 10 secondes, mais bien
en 15.

« Maintenant, si je remplace le précédent verre
de couleur par cet autre d'une nuance un peu
plus foncée et que j'expose encore à la même lumière, je constate que le papier actinométrique est
retardé davantage dans son impressionnement, et
qu'au lieu de prendre la teinte voulue en 15 secondes, il la prend présentement en 30.

« Enfin, en essayant de la même manière tous
les verres de couleur de la gamme verte et de celle
jaune que j'ai entre les mains, soit un à un, soit
combinés deux à deux et trois à trois, je vous
montre que je suis en possession d'un système avec
lequel je puis indiquer des quantités différentes de
bonne lumière se succédant depuis 15 secondes
jusqu'à 25 minutes. Pour les indications de quantités au-dessus de 25 minutes, il faut une combi-
naison de verres de couleur très intense, que la vue
ne peut pénétrer facilement. Or, pour mesurer ces
quantités de bonne lumière au-dessus de 25 minutes, je suis obligé de faire agir successivement
deux différents actinomètres, dont l'addition des
temps qu'ils indiquent me donne le total de minutes
dont j'ai besoin. Mais il y a très peu de négatifs,
surtout parmi ceux de portraits, qui nécessitent
d'aussi longues expositions.

« Chacun de mes actinomètres est donc réglé, *à
l'ombre du soleil vers midi*, sur le pouvoir retardant

que les verres de couleur, seuls ou combinés, exercent sur la coloration du papier au chlorure d'argent.

« Voici une série de huit actinomètres : avec le premier, l'assimilation de la coloration du papier actinométrique avec la teinte de comparaison se produit en 6 minutes, — en 7 minutes, la teinte comparative est dépassée. Avec le dernier de ces actinomètres, la teinte voulue est prise en 20 minutes et dépassée en 25. Chaque instrument indique donc deux quantités différentes d'action de bonne lumière.

« *Fonctionnement de l'Actinomètre et observations.* — Pour le tirage, les châssis de négatifs marqués, par exemple, du chiffre « *sept* » sont chargés et exposés ensemble, accompagnés d'un actinomètre indiquant ce même chiffre. Ceux marqués « *dix* » sont aussi chargés et exposés ensemble, accompagnés de l'actinomètre de même numéro, et ainsi de suite avec les châssis de négatifs portant d'autres marques.

« L'exposition de chaque série de négatifs est arrêtée dès que la teinte de l'actinomètre particulier à chacune de ces séries est accomplie.

« Avec ce système, quel que soit le temps, l'impression est toujours parfaitement exacte.

« Si l'exposition des derniers châssis mis à la lumière ne peut se terminer avant la fin de la journée, chaque série de même marque est remisée avec son actinomètre; le travail en est continué le lendemain, et, quoique cela, l'impression des épreuves est toujours « *à point* » (¹).

« Avec cet instrument, il ne faut pas faire le tirage au soleil, ses indications ne seraient plus justes. On ne doit donc pas employer une lumière plus forte que celle qui a servi à les régler. La gamme de coloration du papier, au chlorure d'argent, exposé directement *aux rayons* du soleil, est très différente de celle obtenue par l'exposition *à l'ombre* du soleil.

(¹) La supposition que l'impression de l'image se continue d'elle-même dans l'obscurité, avec le temps, est une grande erreur. Avec le temps, de la gélatine imprégnée de bichromate devient d'autant plus « durcie » que ce temps a été plus ou moins long, l'air plus ou moins humide, plus ou moins sec.

La gélatine d'un papier au charbon, bichromaté depuis quelques jours, « qu'elle ait été impressionnée sous un négatif aussi depuis quelques jours ou bien qu'elle vienne de l'être », nécessite pour le développement une eau chauffée à un degré d'autant plus élevé que le bichromatage date de plus loin, que l'air est plus ou moins humide, sec ou chaud.

En élevant donc « la chaleur de l'eau » comme il convient, en obtient toujours l'image à la force d'impressionnement qu'on a voulu lui donner à l'aide de l'actinomètre.

Mais si avec un papier à la gélatine bichromatée depuis quelques jours on fait agir une eau chauffée seulement au degré qui convient bien à un papier fraîchement bichromaté, le dépouillement se fait très lentement, on le croit terminé alors qu'il ne l'est qu'en partie, on l'arrête trop tôt et l'image qu'on obtient paraît être trop imprimée.

« J'ai remarqué tout récemment, pendant plusieurs jours de suite, par une température au-dessous de zéro, que le papier au charbon exposé sous un négatif, dans un jardin, et subissant, par conséquent, l'effet de ce froid, était un peu plus lent à s'impressionner. Pour ce cas spécial, je dus faire usage d'un actinomètre marqué d'un chiffre un cinquième plus élevé que celui noté sur le négatif. C'est là une exception qu'il est très utile de faire connaître.

« Parmi les papiers au charbon, il en est qui, soit à cause de la densité de la couleur dans son rapport avec la quantité de gélatine, soit à cause de la présence de certaines couleurs, telles que le bleu et certains rouges de fer, ne s'impressionnent pas avec la même vitesse. Néanmoins, pour ces papiers, la base du tirage repose toujours sur le numérotage des négatifs, obtenu comme je l'ai dit plus haut. Pour imprimer *juste*, dans ce cas, voici ce qu'il faut faire :

« Ouvrons, par exemple, un rouleau de papier mixtionné en bleu (c'est la couleur la plus lente lorsque, dans la gélatine, elle est en bonne proportion pour obtenir des images harmonieuses), prenons-en un morceau et bichromatons-le à 3 p. 100 ; une fois sec, exposons-le sous un négatif et accompagnons-le d'un actinomètre du même numéro que ce négatif ; ensuite, développons-le. En examinant l'image produite, nous jugeons, avec notre habitude du métier, que, pour être « *à point* », il eût fallu exposer à la lumière, soit un cinquième, soit un quart, soit une moitié, soit deux tiers, soit trois quarts, soit le double *en plus* (¹).

« En conséquence, sur l'enveloppe du rouleau de ce papier mixtionné en bleu, nous écrivons la différence constatée. Si, par exemple, nous avons reconnu que l'image obtenue est trop faible de moitié, nous marquons sur le rouleau : *une pose et demie.* Ainsi marqué, quand plus tard, avec ce rouleau bleu, nous voulons imprimer un négatif numéroté « *dix* », nous faisons accompagner le châssis de ce négatif par un actinomètre marqué « *quinze* ». De cette manière, jusqu'à la fin du rouleau, nous obtenons la même exactitude dans l'impressionnement. »

Nous avons tenu à donner ici *in extenso* les explications fournies par M. Lamy lui-même, parce que, son actinomètre étant dans le commerce et devant être exécuté avec les soins qu'apporte toujours M. Lamy à tous ses travaux, nous avons la conviction que cet instrument est doué d'une précision complète, et l'on aura, avec la description qui précède, un guide certain pour s'en servir.

Tout récemment, M. Woodbury a communiqué

(¹) Si cette seule opération ne paraît pas donner une précision suffisante, on la répète avec l'aide de l'actinomètre qu'on suppose approcher le plus de la vitesse d'impressionnement du papier au charbon qu'on essaie.

à la Société française de Photographie un nouveau photomètre bien intéressant aussi, et nous croyons devoir en donner la description telle qu'elle a été faite lors de cette présentation. Nos lecteurs auront ainsi un résumé de ce qu'il y a de mieux dans ce genre d'instrument, et ils pourront choisir celui dont l'usage leur semblera préférable.

Photomètre de M. Woodbury ([1]).

« Ce photomètre a la forme d'une petite boîte plate, ronde, de la dimension d'une petite montre et pouvant, par conséquent, se mettre facilement dans la poche du gilet. A la partie supérieure, se trouve une glace recouvrant un cercle divisé en six secteurs présentant chacun une teinte différente. Ces teintes sont obtenues en superposant jusqu'à six feuilles de papier mince et en les moulant à la presse hydraulique, puis en imprimant le moule ainsi obtenu avec de la gélatine colorée, exactement comme cela a lieu dans le procédé Woodbury.

« Les couleurs employées sont l'encre de Chine et l'alizarine, ce qui les met à l'abri de l'altération par la lumière.

« Au centre de ce cercle est une ouverture, sous

([1]) Extrait du Bulletin de la Société Française de Photographie. Mars 1879.

laquelle se trouve une bande de papier sensible qui est maintenue en contact avec la glace par un ressort intérieur. Cette bande de papier fait saillie à l'extérieur par une petite ouverture et permet de substituer facilement une partie blanche à celle qui vient d'être impressionnée.

« Cette bande de papier, qui a environ 1 centimètre et demi de large, est roulée et serrée, autour d'un petit tube de verre, à l'aide d'un petit caoutchouc attaché aux deux extrémités du tube. On peut ainsi donner au papier une longueur considérable et le loger dans un petit espace, puisqu'il ne peut se dérouler que lorsqu'on opère une traction sur l'extrémité libre.

« Ainsi disposé, le photomètre sert à mesurer l'intensité de la lumière pour le travail de l'atelier ou pour l'obtention des paysages ; mais, lorsqu'on veut l'utiliser pour le tirage au charbon, on interpose entre le cercle gradué et le verre qui le recouvre une feuille de gélatine teintée de façon à ralentir l'action de la lumière sur le papier sensible. »

On le voit, ces divers actinomètres ont entre eux une grande similitude quant à leur principe, et nous pensons que chacun peut user de n'importe lequel de ces instruments et arriver, dès qu'il en aura pris l'habitude, à une grande précision dans le travail.

Nous avons négligé à dessein de parler des pho-

17.

tomètres à unité de teintes et qui obligent, comme celui de la Compagnie autotype de Londres, à suivre constamment l'opération, pour compter le nombre successif de teintes nécessaires à une impression déterminée.

Nous aimons infiniment mieux tout photomètre qui est gradué de manière à fournir une indication pour un temps de lumière déterminé à l'avance, et c'est le cas de ceux que nous indiquons ici.

APPENDICE

PROCÉDÉS DIVERS DE PHOTOTYPIE

APPENDICE

PROCÉDÉS DIVERS DE PHOTOTYPIE

Ce traité ne serait pas complet s'il n'indiquait les divers procédés qui ont été employés ou que pratiquent encore des opérateurs sérieux, et dont les travaux sont, pour la plupart, fort dignes d'être remarqués.

Dans chacune des notices propres à chaque procédé spécial, on trouve, d'ailleurs, des données utiles à connaître et dont on pourra tirer un utile parti.

Le point de départ de tous ces procédés est, d'ailleurs, le même, et ils ne diffèrent les uns des autres que par des tours de main qu'il est bon de savoir. C'est en étudiant l'œuvre de tous les autres chercheurs qu'on deviendra apte à les imiter, si l'on n'est assez heureux pour faire mieux encore.

Nous aurons soin, pour ne pas abuser des *redites*,

de ne citer pour chacune de ces méthodes opéra-
ratoires que les points qui les distinguent essentiellement de la marche opératoire d'ensemble que
nous avons indiquée avec beaucoup de détails dans
la première partie de ce traité.

Procédé de tirage aux encres grasse de M. Albert (de Munich).

Nous extrayons du *Bulletin* de la Société française (¹) de Photographie la traduction de la spécification des brevets de M. Albert, de Munich :

Une feuille de glace est nettoyée avec de l'alcool,
puis recouverte d'un mélange de gélatine, d'albumine et de bichromate d'ammoniaque ; quand elle
est bien recouverte de ce mélange, on la laisse
sécher horizontalement. La dessiccation étant complète, on couche le côté de la glace recouvert de
mélange sur une surface noire, et on l'expose à la
lumière, pendant un temps court, par le côté qui
n'est pas recouvert. Sous l'action lumineuse, la
chromo-gélatine devient insoluble et, par suite, les
liquides à l'action desquels la glace doit ensuite
être soumise ne peuvent pénétrer jusqu'à la surface
du verre et ne peuvent, par conséquent, attaquer
la couche de mélange gélatiné qui s'y trouve di-

(¹) Bulletin de la Société française de Photographie,
page 145, année 1870. D'après le *British Journal of photography*, février 1870.

rectement attachée. Pour éviter que le côté extérieur de la couche chromo-gélatinée ne s'impressionne également, ne devienne insoluble et, par suite, reste adhérente à cette couche, il est indispensable, d'une part, d'exposer par le côté libre de la glace ; d'une autre, de faire reposer la couche gélatinée sur une surface noire qui absorbe, autant que possible, les rayons qui pénètrent jusqu'à elle.

De cette façon, la face extérieure se trouve garantie au contact de la face intérieure, et toutes deux restent adhérentes au verre.

Après cette première insolation, la glace est mise pendant une demi-heure dans l'eau, puis abandonnée à la dessiccation.

Ces opérations peuvent, si on le désire, être faites plusieurs mois d'avance.

La seconde phase du procédé consiste à couvrir une deuxième fois la glace du véritable subjectile sensible, formé de colle de poisson, de gélatine et de chromate ou de bichromate d'ammoniaque. On laisse, comme précédemment, sécher horizontalement ; après dessiccation, la glace est prête pour l'impression. On la place dans le châssis, sous le cliché, et on expose à la lumière, exactement comme s'il s'agissait d'une épreuve albuminée. Après la pose, on lave dans l'eau, pour enlever le chromate inaltéré ; puis on durcit la couche, en la traitant, soit avec de l'alun de chrome, soit avec de

l'eau de chlore, soit avec toute autre matière coagulante. Après dessiccation, la plaque est prête à
passer à la presse lithographique, où son tirage
exige quelques précautions particulières.

La formule de la première couche indiquée dans
le brevet de M. Albert est la suivante : -

Eau	300	grammes.
Albumine	150	—
Gélatine......................	15	—
Bichromate de potasse........	8	—

Après exposition à la lumière de la plaque portant cette première couche, on verse sur la glace
une solution de :

Gélatine.....................	300	grammes.
Eau	180	—
Bichromate de potasse........	100	—

La spécification du brevet de M. Albert se termine par ces mots :

« Ce que je revendique comme mon invention,
c'est mon procédé d'impression *photo-vitro-typique*,
caractérisé par l'emploi de plaques polies, transparentes, à double couche sensible, ayant préalablement subi l'effet de la lumière sous l'influence
d'un négatif, et recevant directement l'encre d'imprimerie pour servir au tirage des épreuves, à
l'instar de plaques métalliques et de pierres lithographiques ordinaires. »

M. Albert, après avoir résumé ainsi :

1° Emploi des glaces transparentes ;

2° Double couche sensible, permettant un tirage étendu,

Ajoute qu'il peut faire un tirage de 500 à 1,000 épreuves.

Et enfin, qu'au lieu de la glace proprement dite, il peut employer toute surface polie transparente et modifier aussi la composition des couches.

C'est là le procédé breveté dont M. Lemercier devint cessionnaire pour la France, et qui fut d'abord exploité par lui seul, mais sans que jamais cette exploitation spéciale ait pris chez lui une grande extension.

Il sert de base aux méthodes employées maintenant dans un grand nombre d'ateliers.

Procédé mécanique de tirage de photographie de M. Ernest Edwards.

Quelques mois après qu'était publiée la spécification du brevet de M. Albert ([1]), le *British Journal* insérait, dans son numéro du 10 juin, le libellé d'un brevet ayant pour objet une méthode de tirage reposant sur le même principe que celui d'Albert, c'est-à-dire sur le principe indiqué, dès 1855, par M. Poitevin : De l'affinité pour l'eau des parties *d'une couche de gélatine bichromatée non insolée, et de l'attraction du corps gras pour les parties*

([1]) *Bulletin de la Société française de Photographie*, page 248, année 1870.

insolées, lesquelles, repoussant l'eau, ne peuvent être traversées par l'humidité et sont, par suite, susceptibles de retenir l'encre grasse.

« La grande difficulté, lorsqu'on veut appliquer ce principe, consiste à obtenir une surface géla-tinée qui puisse supporter la pression nécessaire pendant l'encrage et le tirage des épreuves. Il faut, en outre, que le nombre des épreuves fournies soit considérable. Il faut également que la surface soit exempte de grain, que les lignes de l'épreuve soient fermes ; enfin, que les ombres de l'image soient profondes et vigoureuses. »

L'invention de M. Edwards, dit le brevet, consiste dans la découverte d'un procédé permettant d'ob-tenir des surfaces de ce genre, et des moyens de tirage grâce auxquels se trouvent écartées toutes les difficultés ci-dessus énoncées.

Elle comprend :

1° *Une méthode de durcissement de la couche géla-tinée avant l'obtention de l'image. Cette méthode sup-prime toute espèce de grain et assure la fermeté des lignes; on peut alors tirer un nombre illimité d'épreuves d'un seul cliché, sans modifier le volume de ces épreuves.*

2° *Une méthode d'encrage basée sur la nature du rouleau et la composition de l'encre. On n'a plus à craindre de déchirer la gélatine, ainsi que cela se produit avec les rouleaux et les encres ordinaires;*

3° *Une méthode de tirage qui ne nécessite qu'une*

très faible pression et garantit contre toute espèce de rupture de la matrice ;

4° *Une méthode qui fournit des ombres profondes et vigoureuses, et permet même de tirer des épreuves à plusieurs teintes ;*

5° *Une méthode réservant les marges de l'épreuve, ce qui évite tout montage postérieur.*

Pour réaliser ces divers perfectionnements, on opère de la manière suivante :

Sur une surface de métal, de bois, de pierre, de verre, de porcelaine, d'ardoise ou d'émail propre et bien dégraissée, on étend une couche de gélatine, de gomme, d'albumine, ou de ces substances mélangées. On durcit et on rend insoluble cette couche à l'aide de l'alun de chrome, du tannin, du chlore ou de toute autre substance connue comme capable de produire l'insolubilité de ces matières organiques.

Cette couche est rendue sensible, soit pendant sa préparation, soit postérieurement, M. Edwards ayant reconnu que le tirage sur une couche de gélatine chromatée insolée, puis mouillée, ne donnait, par suite de la nature de cette couche, aucun bon résultat, ni sous le rapport du nombre du tirage, ni sous le rapport de la vigueur, ni sous le rapport de la fermeté des lignes, si cette couche est recouverte d'un certain grain.

Mais la gélatine peut être rendue dure et insoluble et transformée en une substance souple et durable à l'aide du traitement par l'alun et par toute autre substance du même ordre. En plus, il a reconnu qu'après avoir été ainsi traitée, cette gélatine conserve la propriété d'être attaquée par la lumière et transformée, par suite, en une substance ayant toutes les qualités de stabilité, de profondeur, de fermeté qu'exige un bon tirage, en même temps qu'elle est complètement exempte de grain.

La couche sensible ainsi préparée est soumise à l'action de la lumière, et lavée à l'eau; on applique une deuxième couche sur la première, et l'on expose sur un cliché. Après avoir prolongé l'exposition jusqu'à ce que tous les détails deviennent apparents, la plaque débarrassée du bichromate par un lavage à l'eau est prête pour le tirage. On peut tout aussi bien la laisser sécher pour l'employer plus tard.

Si la plaque est de verre, on peut laisser la lumière agir sur le verso jusqu'à ce toute image ait disparu. Lorsqu'on ne veut tirer qu'un petit nombre d'épreuves, on peut négliger la première couche, ou bien la sensibilisation et l'exposition à la lumière de cette première couche.

Il est impossible de déterminer la quantité d'alun ou d'autres substances qu'il faut ajouter à la gélatine, car cette quantité dépend de la valeur de la gélatine elle-même; on peut dire seulement que cette quantité doit être telle que la gélatine, après le traitement, devienne insoluble dans l'eau bouillante.

Lorsqu'on veut employer la plaque au tirage, on la mouille complètement, puis on la place dans une presse verticale : celle dont l'emploi est préférable est la presse à tirage ordinaire. Lorsque la plaque est débarrassée de l'eau en excès, l'image se montre à la surface en relief et en creux, les creux correspondent aux ombres, les reliefs aux lumières. Il est nécessaire d'obtenir une pression suffisante dans les ombres, et il ne faut pas que la pression soit trop forte dans les blancs ; il faut également bien prendre garde de briser les plaques. Dans ce but, on fait un moule en ramollissant à la chaleur une plaque de gutta-percha, la plaçant sur la plaque et abaissant la presse, le moule étant maintenu de manière à tomber toujours à la même place. La glace peut, par surcroît de précaution, être placée également sur un coussin de gutta-percha. A cette gutta-percha on peut, d'ailleurs, substituer toute autre matière, telle que cuir, caoutchouc, papier et même pâte à papier.

Le moule étant ainsi bien placé et ajusté pour la pression, on procède à l'encrage. Dans la lithographie ordinaire, il se produit une grande adhérence du rouleau et de l'encre sur la plaque, et dans ce procédé, lorsque ce fait se produit, il y a souvent déchirement de la gélatine. Pour obvier à cet inconvénient et obtenir une surface plus fine, il faut employer des rouleaux en caoutchouc et de l'encre lithographique éclaircie avec du suif et de l'huile d'olive ou toute autre huile, et éviter autant que possible la présence du vernis lithographique ou de l'huile bouillie.

La plaque ayant été convenablement encrée, on la recouvre d'une feuille de papier; sur celle-ci, on fait descendre le moule ou la matrice, et l'on donne la pression pendant un temps suffisant pour que le papier s'imprime.

On peut employer du papier, soit ordinaire, soit émaillé, soit albuminé, et les épreuves après le tirage peuvent être, à leur tour, vernies, émaillées, ou traitées de toute autre façon.

Lors de l'encrage des plaques, si l'encre est trop visqueuse, elle n'adhère que sur les grandes ombres, et si l'on veut qu'elle adhère aux demi-teintes, il est nécessaire de l'éclaircir. On tire parti de ce fait pour obtenir à l'aide d'une seule plaque des épreuves d'une ou de plusieurs teintes et pour donner en même temps plus de profondeur aux ombres. On opère pour cela comme il suit :

On prépare deux ou trois encres d'une viscosité différente et en même temps de différentes couleurs. La plus visqueuse est d'abord appliquée et elle n'adhère qu'aux grands noirs.

Puis vient le tour de celle plus diluée : celle-ci n'agit pas sur la première encre dont la plaque est déjà revêtue, mais elle adhère aux demi-teintes et seulement aux demi-teintes. De la même façon, on peut préparer un fond coloré à l'aide de la chromo-lithographie, et sur ce fond placer une image ou faire l'inverse. Ou bien on peut encore employer plusieurs plaques en tirage comme en lithographie.

Lorsqu'on veut obtenir des épreuves avec des marges, de manière à éviter un montage ultérieur, on découpe un masque en papier mince, dont l'ouverture est celle de l'épreuve terminée.

Après avoir encré, on couche le masque sur la plaque et, par-dessus, on place le papier sur lequel on veut obtenir l'épreuve.

On presse ensuite, et l'on a une épreuve avec ses marges. On enlève le masque pour encrer de nouveau.

On peut aussi employer, pour l'émaillage et la vitrification, des épreuves faites sur papier revêtu des pigments convenables de la même façon que l'on opère d'habitude dans ce but.

Procédé de M. Obernetter.

La même année, en mai 1870, le *Photographic News* publia la description d'un nouveau procédé d'impression photo-mécanique, indiqué par M. Obernetter, que nous résumons ici :

La glace est couverte d'une solution de gélatine, d'albumine, de sucre et de bichromate de potasse ; on laisse sécher, puis on expose à la lumière sous un cliché.

Après l'insolation, il saupoudre la couche avec du zinc réduit en poudre impalpable, de la même façon que s'il opérait avec les matières destinées à fournir les émaux photographiques.

Il chauffe ensuite à la température de 150 degrés Réaumur ou bien il expose à la lumière, de façon à obtenir, soit par l'un, soit par l'autre moyen, l'insolubilisation de la couche tout entière.

Avant d'employer au tirage la glace ainsi préparée, il la soumet à la morsure d'une liqueur acide faible (chlorhydrique ou sulfurique). Par suite de cette opération, les parties de gélatine bichromatée qui ne sont pas recouvertes de poudre de zinc deviennent susceptibles d'être mouillées par l'eau avec plus ou moins de force, tandis que les autres parties auxquelles la poudre de zinc s'est attachée sont aptes à recevoir l'encre grasse. Le tirage a lieu ensuite de la même façon que si l'on opérait sur une pierre lithographique.

Comme résultat final, on obtient une image qui possède les qualités d'un dessin ou d'une lithographie. Ces épreuves, quoiqu'elles soient obtenues par un procédé différent de celui de l'albertypie proprement dite, ont, avec celles qu'il produit, une certaine similitude.

L'inventeur se proposait alors d'apporter à sa méthode de nouveaux perfectionnements. Il n'est pas douteux qu'il ne l'ait rendue plus pratique et plus complète encore, à en juger par les magnifiques

épreuves si finement modelées, tout en restant
très vigoureuses et d'une fermeté de lignes admi-
rable, qu'il imprime couramment.

Si nous le comprenons bien, ce procédé peut
être assimilé au procédé aux poudres impalpables,
indiqué en 1855 par M. Poitevin, avec cette différence que, dans le cas actuel, il ne s'agit plus d'une
épreuve directe au charbon ou à toute autre poussière devant servir telle que, après avoir été trans-
portée de son véhicule provisoire sur un support
définitif, mais bien d'une image négative formée à
la surface de la gélatine par une poussière qui
recouvre toutes les parties non atteintes ou atteintes
à des degrés divers par la lumière. Cette poussière
est emprisonnée, retenue au moins, à la surface de
la couche, où elle forme une image inverse complète dans tous les clairs, et la chaleur, de 200 degrés
centigrades environ, produit le double effet, et de
coaguler la substance mucilagineuse, et, en ramollissant assez la poussière de zinc, de la souder à son
véhicule, lequel reste capable d'absorber de l'humidité partout où il y a du zinc, et de la refuser là
où l'action de la lumière, à travers le cliché, a plus
ou moins imperméabilisé la couche.

Nous donnons cette explication sans avoir vérifié
ce fait; mais, de cette description, il résulterait que
la poudre de zinc métallise tous les blancs. On sait
que le zinc mouillé, acidulé et gommé se comporte
comme une pierre lithographique, et qu'un trait

dessiné avec une encre grasse sur du zinc y demeure à l'état latent, comme sur une pierre lithographique même après le lavage à l'essence, et qu'on peut en tirer des épreuves successives, comme dans la lithographie elle-même.

C'est sans doute là le rôle que joue la poudre de zinc préalablement ramollie et comme partiellement fondue par le chauffage à une température d'environ 200° centigrades.

Nous pensons que l'on pourrait aussi obtenir l'effet inverse, c'est-à-dire la partie à encrer en poussière minérale, tandis que les blancs seront les parties du mucilage plus ou moins découvert.

Quoi qu'il en soit, et tout en ignorant le procédé tel que le pratique aujourd'hui cet habile opérateur, il est déjà intéressant de voir la dissemblance qui existe entre la méthode de M. Albert et de M. Edward, et la sienne.

Procédé de M. Van Monckhoven.

Notre excellent et si savant ami Van Monckhoven a décrit, en 1871, dans le *Bulletin belge de Photographie*, un procédé de phototypie, dont le fond, dit-il, appartient à M. Poitevin et à M. Tessié de Mothay, et que pratiquent déjà, outre M. Albert, de Munich, à qui l'on doit le moyen industriel d'utiliser ce procédé d'impression, M. Obernetter, de Munich,

MM. Ohm et Grosmann, de Berlin, et M. Maes, en Belgique.

M. Van Monckhoven conseille de recouvrir la glace, bien nettoyée préalablement, et du côté dépoli, d'un mélange à volumes égaux d'albumine battue en neige et d'eau. On la laisse sécher, posée verticalement, appuyée contre le mur et posant sur une feuille de buvard qui absorbe l'excès d'albumine.

Chaque glace est, après cela, trempée pendant une minute dans une solution de :

Eau........................... 1000 grammes.
Acide chromique.............. 50 —

On l'enlève, on la laisse bien égoutter; puis elle est lavée à l'eau ordinaire et à l'eau distillée.

Après quoi, on la recouvre d'une solution de :

Gélatine....................... 10 grammes
Sucre candi.................... 5 —
Chromate neutre de potasse... 5 —
Eau distillée.................. 100 —

à la façon du collodion et dans l'obscurité absolue.

Recouvertes de cette solution, les glaces sont placées sur un niveau à caler, dans une caisse à parois de papier, et exposées à une température bien réglée de 50 degrés centigrades. Sèches, elles sont prêtes à recevoir l'impression lumineuse.

Au sortir du châssis-presse, après un temps d'exposition convenable qu'on peut suivre, l'image sur gélatine est lavée à plusieurs eaux bien froides, puis abandonnée à la dessiccation spontanée à l'air sec. Elle est alors prête à l'impression.

Rien de particulier, quant à l'impression, qui s'opère comme pour tous les autres procédés.

M. Monckhoven recommande surtout d'étudier convenablement les qualités variables de la gélatine, substance capricieuse, dit-il, comme l'est le coton-poudre dans le collodion.

Les chromates aussi méritent d'être étudiés; il pense que le bichromate de potasse est trop peu soluble; celui d'ammoniaque l'est davantage. Le chromate neutre (jaune clair) est, au contraire, extrêmement soluble.

Ces diverses indications sont bonnes à retenir.

Procédé de M. Borlinetto, professeur à l'Institut théorique de Padoue.

Nous extrayons du *Moniteur de la Photographie* la description d'un procédé de phototypie inauguré par M. Borlinetto, et dont nous résumons ici les parties essentielles.

Une plaque de verre finement dépolie et bien nettoyée est recouverte du liquide suivant, soigneusement filtré:

Blanc d'œuf battu à la neige.... 2 grammes.
Eau de cuivre filtrée............. 30   —

On laisse sécher à l'abri de toute poussière et les

plaques posées verticalement, le bord inférieur appuyé sur du papier buvard ; après quoi on les plonge, durant 30 secondes, dans une solution alcoolique de nitrate d'argent ; on lave et laisse sécher complètement.

Cette coagulation remplace celle que M. Albert produit sur la première couche par l'effet de la lumière, à travers l'épaisseur de la glace.

La deuxième couche est ainsi composée :

Bichromate d'ammoniaque..... 0.5 gramme
Gélatine blanche.............. 1 —
Eau distillée................. 20 —

On ajoute le bichromate d'ammoniaque lorsque la gélatine est entièrement dissoute et que la solution est un peu refroidie. On filtre avec soin à travers une flanelle.

On prend une plaque albuminée, on la plonge dans l'eau bouillante, la partie ayant reçu la première couche en dessus, et on l'y laisse pendant une minute ; on la retire et l'on verse à sa surface très chaude et mouillée la gélatine tiède, en ayant soin de la faire couler partout, et l'on en garde assez sur la plaque pour avoir une bonne image.

Au lieu d'un étuve, M. Borlinetto obtient la dessiccation de la couche comme il suit :

Une bassine en zinc garnie d'eau est recouverte d'une glace forte ; le tout est supporté par un trépied à vis calantes et la glace posée bien horizontalcment. Une lampe à alcool placée sous la bassine communique une chaleur suffisante. On place la plaque recouverte de la deuxième couche sur cette glace, et l'on chauffe jusqu'à ce que la chaleur soit de 55 degrés. A ce moment, on peut éteindre la lampe et la laisser se sécher spontanément. Tout cela a lieu, c'est bien entendu, dans l'obscurité.

Après l'insolation, qui a lieu, comme d'ordinaire, après que la glace est sèche et refroidie, on la renverse de façon que l'image soit en dessous, posée sur du papier noir, et on expose aux rayons solaires à travers le verre pendant 15 secondes.

Cela fait, on met la plaque, l'image en dessus, dans une bassine, et l'on verse de l'eau bouillante, de façon à la couvrir entièrement. On agite l'eau pour aider à la dissolution du bichromate; après 5 minutes, on verse dans une deuxième cuvette de l'eau bouillante et l'on y plonge l'épreuve; l'image devient de plus en plus légère et de couleur vert clair. Au bout de 5 autres minutes, on passe à une nouvelle eau bouillante, à laquelle on ajoute un peu d'alun; on l'y laisse séjourner encore quelques minutes, puis on la retire et on la laisse sécher spontanément.

On peut s'en servir pour l'impression quelques heures après, mais après l'avoir plongée dans de l'eau froide pendant 10 minutes.

Les autres détails relatifs à l'encrage et au tirage n'offrent rien de particulier; c'est la méthode usuelle. M. Borlinetto affirme que la couche de gélatine ainsi traitée présente une grande solidité.

Nous ne nous rendons pas bien compte de ce procédé. *L'eau bouillante doit creuser tout autour de la partie insolée et supprimer au moins une partie de la gélatine hygroscopique.* Nous donnons donc cette description sous toutes réserves.

Procédé de M. Geymet, sur plaque de cuivre.

M. Geymet a communiqué en avril 1873 à la Société française de Photographie un procédé de phototypie qui diffère de ceux qui précèdent en ce que le support de la couche est une plaque de cuivre au lieu d'être une glace; mais le principe est toujours celui de M. Poitevin.

On fait dissoudre :

Eau........................... 100	c. c.
Gélatine...................... 6	grammes.
Colle de poisson.............. 2	—
Colle de Flandre............. 2	—

et l'on ajoute de 2 à 5 grammes de bichromate de potasse; la quantité de sel de chrome doit être proportionnée à l'intensité des négatifs.

On filtre sur un carré de flanelle et l'on étend la mixtion sur des planches de cuivre planées, polies, grainées ensuite finement.

On laisse sécher les plaques dans une étuve chauffée à 40 degrés.

On expose sous le négatif une heure à la lumière diffuse et 5 minutes au soleil. La durée de l'insolation est inverse à la quantité de sel de chrome incorporé à la gélatine.

Tous les détails doivent être accusés quand on retire la plaque métallique du châssis-presse.

On fait ensuite tremper la couche de gélatine dans l'eau, et on laisse sécher.

Il suffit alors d'encrer, après avoir passé une éponge humide sur la surface. L'encre appliquée au rouleau doit être très dure.

La même planche peut fournir 200 épreuves ; mais cela offre peu d'inconvénients, puisque les surfaces peuvent être facilement remplacées.

M. Geymet pratique de la même façon, en prenant pour support une pierre lithographique ou bien des plaques de cuivre, répétant en cela les premières applications phototypiques de M. Poitevin. Il n'indique aucune opération distincte des procédés d'encrage et de tirage déjà décrits.

Procédé de M. Jacobsen (Richard) sans l'emploi de la presse (').

On commence par obtenir une épreuve au charbon, sur glace, par les procédés ordinaires. La glace est alors ajustée dans un châssis en bois qui encadre exactement l'image.

(') *Bulletin de la Société Française de Phototypie*, page 15, année 1874.

On la recouvre alors de la solution suivante :

Gélatine........................ 1 partie.
Gomme arabique................. 2 parties.
Glycérine....................... 2 parties.

Cette mixtion tiède, versée sur l'épreuve au charbon, deviendra, en se refroidissant, la planche à
imprimer. Lorsqu'elle est suffisamment coagulée,
on détache avec soin le cadre à l'aide d'une lame
de couteau, et la masse de gélatine, dans laquelle
est incorporée l'image au charbon, est retournée, et
la glace enlevée.

Pour obtenir l'épreuve, un rouleau en verre dépoli est ce qu'il y a de mieux. On le recouvre
d'encre en le passant sur une surface élastique qui
en a été préalablement enduite. Cette encre doit être
additionnée d'un peu d'huile de térébenthine ou de
benzole, pour la rendre plus liquide, puis versée
sur une surface semblable à celle qui porte l'image
et travaillée à l'aide du rouleau.

On encre alors l'image au charbon, sur laquelle
on applique une feuille de papier albuminé non
coagulé, coupée de dimension voulue, que l'on
presse à l'aide d'une raclette en caoutchouc; puis
on l'enlève avec soin. Le papier albuminé, en contact avec la plaque, absorbe de l'humidité; aussi
ne doit-on pas le laisser trop longtemps, sans quoi
l'albumine adhère au bloc et le souille. Il n'est pas
nécessaire de mouiller la plaque avec de l'eau, la

gélatine contenant assez d'humidité pour que l'on puisse tirer une douzaine d'épreuves.

Au bout de ce nombre, l'humidité peut n'être plus suffisante; mais, en suspendant l'opération pendant une couple d'heures, la couche absorbe assez de la vapeur d'eau contenue dans l'atmosphère pour permettre de reprendre le tirage.

Tandis que, dans la plupart des procédés de phototypie, l'image produite sur la gélatine est complètement déprimée, dans celle-ci elle reste jusqu'à la fin en relief, ce qui facilite l'impression.

Par ce procédé, on peut imprimer sur les objets à surface courbe, fleurs, vases, etc., et, en faisant usage de couleurs vitrifiables, l'auteur ne doute pas qu'on ne puisse ensuite les soumettre à la cuisson.

Procédé de Phototypie de M. Jacobi, introduit dans le Portugal par M. Carlos Relvas.

On emploie des plaques de verre très épaisses et finement dépolies d'un côté.

On fait le lavage à l'acide nitrique; les plaques sont, après, rincées à l'eau pure.

On doit avoir une étuve avec des barres en fer dans l'intérieur et des vis pour mettre de niveau les plaques. Au milieu et dans toute l'étendue, une plaque en tôle, et, en bas, les becs de gaz.

Les portes de l'étuve, pour placer les plaques,

sont en dessus et garnies d'une grille très fine et unie, en fil de fer, laissant passer la vapeur, mais évitant l'entrée des araignées et de tous les insectes.

Après avoir bien nettoyé les plaques, on les met à sécher complètement dans la même étuve et bien de. niveau.

Sur la partie dépolie, on appliquera les couches suivantes :

Albumine.................. 160 c. c.
Bichromate de potasse......... 8 grammes.
Eau distillée............... 480 c. c.
Glycérine................. 16 gouttes.

Ammoniaque, quelques gouttes, ce qu'il faut pour rendre la préparation jaune-clair, mais en plus faible proportion si le négatif qui doit servir est dur ou heurté. On filtre.

Cette préparation est la première couche qu'on emploie sur les plaques de verre. Aussitôt après, on doit les mettre dans l'étuve sur les mêmes vis, où on les laisse sécher pendant deux heures dans une température bien régulière de 40 degrés.

Quand elles sont sèches, on les place sur un drap noir, la couche du côté du drap (en bas), et on les isole pendant une demi-heure à peu près à la lumière diffuse. Une autre fois, et dans le même ordre, on les met dans l'étuve et l'on donne la deuxième couche :

Gélatine...................... 27 grammes.
Eau........................... 400 c. c.
Bichromate de potasse........ 9 grammes.
Préparation A................ 15 c. c.
Préparation B................ 15 c. c.
Ammoniaque, quelques gouttes.

Pour chaque décimètre carré de plaque, il faut 2 centimètres carrés de la deuxième couche.

On les fait sécher après dans l'étuve, où elles resteront pendant trois heures, dans une température de 45 à 50 degrés. Après, on peut les mettre dans la presse à imprimer, sous le négatif. Il faut la plus complète planimétrie, autrement le négatif ne résisterait pas.

Préparation A.

Chlorure de sodium............ 10 grammes.
Eau distillée................. 500 c. c.

Préparation B.

Alumine sulfurique........... 1 gramme.
Eau distillée................. 100 c c.

Après l'impression sous le négatif, la plaque doit être lavée à l'eau ordinaire bien filtrée.

Posée, après cela, sur un support à l'abri de la poussière et des insectes, on la laisse sécher. Deux ou trois jours après, on peut faire le tirage, précédé d'un ramollissement de la plaque, au moyen de la préparation suivante et pendant sept heures à peu près :

Glycérine pure................ 500 c.c.
Eau distillée................. 200 c.c.
Préparation C .... 100 c.c.

Préparation C.

Magnésie nitrique ....   50 grammes.
Eau distillée................. 500 c.c. (¹)

On l'essuie avec une éponge, et la plaque qui va servir au tirage est adaptée, avec quelques gouttes d'eau, à une glace, qui doit être fixée, au moyen de la craie et de la colle, sur une pierre lithographique, et que l'on met sur la presse.

Pendant le tirage, quand les épreuves commencent à perdre la vigueur et le modelé, on doit passer la plaque avec une éponge mouillée dans la préparation déjà indiquée ; et, si ce n'est pas assez, on lave d'abord la plaque avec de l'essence de térébenthine et ensuite avec la préparation, évitant le mélange sur la plaque de la térébenthine et de la préparation.

On emploie deux éponges et de la toile très fine.

Les premières épreuves sont bien rarement très satisfaisantes ; mais, après un tirage de 4 ou 6 épreuves, si la plaque est bien préparée et si elle a été imprimée juste sous le négatif, tout marchera bien.

_____

(¹) Pour filtrer ces préparations, on se sert de flanelles de diverses couleurs.

Le tirage est fait à l'encre, qu'on vend préparée exprès, et avec des rouleaux plus ou moins souples que ceux employés en lithographie.

Il faut que les deux couches s'identifient. La première couche est assez isolée, quand on essaie dans un coin, avec un doigt humecté, et qu'une partie seulement de la couche se dissout. Elle ne doit pas être tout à fait insolubilisée par la lumière.

Le temps d'impression sous le négatif est très important : s'il est insuffisant, l'épreuve, dans le tirage, ne donne que des blancs et des noirs ; s'il est trop prolongé, l'épreuve est grise, toujours sans modelé.

Si la couche commence à se détacher sous le rouleau, pendant le tirage, la plaque donnera un petit nombre d'épreuves.

Les plaques qui sont dans de bonnes conditions donnent 500 et 600 épreuves, ce qui est déjà assez considérable, la préparation des plaques étant, d'ailleurs, chose très facile.

Le rouleau ne doit avoir jamais une grande quantité d'encre.

Après le rouleau en cuir, on passe d'un côté à l'autre et dans le sens inverse un rouleau en gélatine, pour égaliser l'encre et donner plus de finesse à l'épreuve.

On emploie l'encre avec plus ou moins de vernis, et celui-ci, faible ou fort, selon la nature de l'épreuve, donne une image dure, ou foncée dans les demi-teintes.

Pour employer de nouveau les plaques qui ont servi et qui sont couvertes encore de gélatine, il faut les laisser quelque temps dans l'eau ; après, on enlève toute la couche et on les frotte avec une pierre ponce spéciale. On les fait ensuite passer à l'acide, comme des plaques qui n'ont jamais servi, etc.

Il faut en outre avoir un rouleau de peau de daim, pour passer la plaque dans la presse quand on fait le ramollissement et qu'on a déjà ôté la glycérine avec l'éponge et les draps, afin de sécher plus uniformément.

Ce procédé n'est qu'une variante de l'albertypie. Il a donné à M. Carlos Relvas les magnifiques résultats que l'on a admirés à l'Exposition universelle dans la section photographique du Portugal.

Procédé de M. Despaquis.

M. Despaquis, en décembre 1875, a communiqué à la Société française de Photographie les perfectionnements qu'il a introduits dans l'impression aux encres grasses.

Ils portent sur deux points principaux :

« La couche de gélatine bichromatée, dit-il, supportée, soit par une feuille de verre, comme dans le procédé Albert, soit par une couche de collodion, cuir ou même de papier, en un mot par un corps translucide, voire même sans aucun support, est exposée sous le cliché à la façon ordinaire ; cela fait, je l'insole de nouveau *par le dos*, de façon que cette seconde insolation arrive jusqu'aux demi-teintes de l'image. De la sorte, il ne se trouve plus sous l'image une couche perméable à l'eau : les deux insolations, s'étant rencontrées, forment comme les deux mailles d'une chaîne. *On juge que la seconde insolation est arrivée au point voulu par le voile qui se produit sur l'épreuve, qui semble prête à disparaître.*

« La couche de gélatine est ainsi rendue insoluble dans toute son épaisseur et devient imperméable à l'eau, sauf une partie extrêmement mince de sa surface, suffisante cependant pour prendre l'eau qui repoussera l'encre dans les points où doivent exister les blancs et les demi-teintes.

« L'eau ne peut donc plus s'insinuer entre le support et l'épreuve, ramollir la gélatine non insolée et faire perdre à la planche d'impression toute solidité. De plus, il n'y a plus de gonflement de la gélatine ; par conséquent, on conserve toute la finesse et toute la pureté du dessin.

« En outre, au lieu de mouiller à l'éponge et d'être obligé d'essuyer au tampon sec, je mouille ma surface au moyen d'un rouleau dur en pierre poreuse ou recouvert d'une étoffe lisse imbibée d'eau. Le mouillage se fait ainsi régulièrement

« Si la gélatine se gonfle un peu, l'eau ne s'accumule pas dans les creux qui doivent prendre l'encre, avantage qui conserve aux épreuves toute leur pureté, quel que soit le nombre du tirage. Ce mode de mouillage a encore l'avantage de la rapidité.

« Mes deux perfectionnements, solidité donnée à la couche, mouillage au rouleau, permettent l'impression à la vapeur, c'est-à-dire qu'on arrivera à des tirages à un prix inconnu jusqu'à ce jour. »

Procédé de M. Husnik, professeur à Prague.

Le support est toujours une glace dépolie finement d'un côté, et d'environ 6 millimètres au moins d'épaisseur.

Les glaces qui ont servi sont immergées dans une lessive de chaux et de soude contenue dans un récipient en plomb.

Cette lessive, que l'on peut toujours aviver en lui restituant de la chaux, se conserve pendant plus de deux mois.

La gélatine, fortement adhérente, se détache au bout de 12 heures, et s'enlève en râclant la glace avec une lame de zinc ou un morceau de bois. On rince et l'on dépolit de nouveau pour enlever la gélatine, qui pourrait s'être logée dans les pores du verre ; mais il suffit, cette fois, d'une seule application d'émeri.

Les glaces, ainsi préparées, sont lavées à plusieurs eaux avec des chiffons et mises à sécher.

Première préparation des plaques. — On prend 25 parties d'albumine bien propre, 45 parties d'eau distillée, 8 parties de silicate de soude du commerce, qu'on mélange ensemble, qu'on bat en neige et qu'on laisse ensuite reposer.

Le lendemain, ou 6 à 8 heures après, on décante la partie clarifiée et l'on filtre sur un linge propre sans presser. Ce premier filtrage facilite beaucoup celui qu'on doit effectuer ensuite sur un filtre de papier soutenu par un entonnoir de verre plongeant dans une éprouvette ou un verre à expérience. Bientôt les pores du filtre s'engorgent et le filtrage cesse. On reverse ce qui reste dans l'entonnoir dans le premier récipient ; on garnit celui-là de nouveau papier-filtre et on le remplit d'une nouvelle dose de la solution. Cette opération se répète au moins trois fois avant que toute la liqueur soit transvasée dans l'éprouvette. Celle-ci doit encore être filtrée une fois, mais l'opération ne présente plus alors aucune difficulté.

La première portion filtrée entraîne toujours quelques filaments du filtre.

Pour préparer une plaque, après l'avoir brossée avec un pinceau doux, on y verse sur un des bords un peu de la liqueur précédente, qu'on fait couler sur toute la surface, en inclinant doucement la glace ; on aide à l'extension du liquide au moyen d'une bande de papier, avec laquelle on ramène celui-ci sur les parties qui ne seraient pas mouillées, en prenant garde que la liqueur ne coule pas trop vite, mais se meuve parallèlement de haut en bas. On redresse ensuite la glace par un de ses coins et l'on fait couler l'excès de liqueur par l'autre dans un récipient spécial où il est recueilli.

S'il se produisait quelques bulles dans cette manipulation, on reverserait une nouvelle dose du liquide contenu dans l'éprouvette et on le ferait rapidement écouler par un angle de la plaque dans le second récipient. On laisse égoutter et sécher la plaque, dressée contre la muraille. Le liquide qu'on a recueilli est versé sur le filtre et passé de nouveau.

On peut préparer de la sorte un grand nombre de plaques, qui se conserveront au moins pendant six mois; mais il ne faut pas les employer le jour même de leur préparation; elles doivent reposer un jour ou deux auparavant, et le plus longtemps est le mieux.

Deuxième préparation. — Pour enduire les plaques de gélatine, il faut d'abord les laver soigneusement à l'eau froide, de préférence sous un robinet, mais sans toucher le côté préparé.

On les redresse pour les sécher, et elles sont prêtes à recevoir la gélatine, ce qui se pratique ainsi qu'il suit :

Procurez-vous une caisse à fond en tôle, avec un

couvercle en toile ou en drap noir : à l'intérieur, à 7 centimètres du fond, on fixe un châssis de la dimension exacte de l'intérieur, tendu de toile, qu'on recouvre de papier à filtrer, mais sans l'y coller. Ce châssis sert à répartir uniformément la chaleur inégale du fond, sous lequel on allume de l'alcool ou du gaz. A 7 centimètres au-dessus du couvercle, la caisse est traversée par des tringles en fer horizontales, pourvues de deux ou trois trous, adaptées à des vis sur la tête desquelles viennent poser les glaces, et qu'il est facile d'ajuster de niveau.

Un thermomètre fixé à l'intérieur, dans une paroi de la caisse, et recourbé, indique la température de celle-ci.

On place deux ou trois glaces, ou davantage, sur les vis ; on les installe horizontalement ; on ferme la caisse et l'on chauffe à 35 degrés Réaumur. Pendant ce temps, on met 7^{gr},5 de gélatine de France première qualité dans 150 grammes d'eau distillée et on la laisse tremper pendant une heure ; après quoi, on la dissout au bain-marie, et, lorsqu'elle a atteint une haute température (environ 70 degrés), on y ajoute 1 gramme de bichromate ammoniaque et un demi-gramme de chlorure de calcium ; puis, lorsque tout est bien dissous, encore 30 grammes d'alcool ordinaire, après quoi l'on filtre. La liqueur filtrée est coulée sur la plaque chauffée, où on l'étend au moyen d'une bande de papier. Il ne faut verser ni trop ni trop peu, mais seulement assez pour que, en inclinant la glace, il ne s'en écoule qu'un minime excès.

C'est un tour de main qui s'apprend vite. Trop épaisse, la couche ne résiste pas à l'action du râteau, quand elle passe à la presse ; trop claire, elle fait ressortir le grain du verre, qui se traduit à l'impression par des points noirs, et elle exige une pression plus forte. Les plaques ainsi baignées sont laissées dans la caisse pour y sécher, à la température de 35 degrés Réaumur. En été, elles se conservent au moins huit jours ; en hiver, quatre semaines dans l'obscurité, et elles s'améliorent en vieillissant.

. *Exposition.* — Avec un bon négatif à l'ombre, l'exposition dure trois quarts d'heure ; au soleil, un quart d'heure. La lumière diffuse donne de meilleures demi-teintes. Après l'exposition, le chromate non influencé par la lumière est lavé par l'eau, et la plaque, bien égouttée, est mise à sécher. Au bout de 3 heures, les plaques peuvent passer à l'impression.

Impression. — La plaque est scellée au plâtre sur une pierre lithographique et posée sur le plateau d'une presse. On mouille la plaque et on l'encre en deux teintes : une, plus ferme, qui la noircit, et une, plus légère, qui donne les demi-teintes. Après chaque tirage, la plaque est mouillée, essuyée avec un chiffon, encrée, et ainsi de suite.

Si les ombres ne viennent pas avec tous leurs détails, il faut presser à blanc pour enlever les dernières traces d'encre, mouiller abondamment, essuyer et imprimer de nouveau, comme il a été dit. Une plaque ainsi traitée fournit 600 épreuves et davantage, et sa conservation dépend de l'observation minutieuse de toutes les prescriptions d'une gélatine de bonne qualité qui gonfle peu et d'une presse légère.

M. Husnik termine la description de son procédé en ajoutant que cette méthode est, d'après les expériences comparées qu'il a faites, la meilleure de toutes celles employées jusqu'ici. Elle donne des résultats certains et paraît être plus répandue qu'on ne le soupçonne, bien qu'il n'en ait rien été publié.

MM. Obernetter, Kock et d'autres emploient avec succès le silicate ou verre soluble dans tous les genres de phototypie qu'ils pratiquent. Il en est de même à l'Imprimerie Impériale et Royale de Vienne depuis au moins deux ans.

Quelques praticiens substituent de l'ichthyocolle (colle de poisson) à une partie de la gélatine ; mais cette substance est ordinairement de mauvaise qualité et très chère. Celle qui a été blanchie n'a aucune valeur ; la seule qu'on puisse recommander est la russe véritable.

Le choix des encres est important. Pour obtenir un ton brun, il ne faut pas prendre pour noir du vernis de Munich, qui encre tellement, qu'on finit par ne plus distinguer ce que l'on fait. Ce vernis attaque aussi la gélatine, et la plaque perd sa vigueur. De bonne encre d'imprimerie, noire, très dure, mêlée d'oxyde de fer rouge et d'un peu de vernis-césar, fournit une excellente teinte brune.

Pour protéger les marges, on a le moyen des bandes de papier, qu'on applique sur les bords de l'image à réserver avant de poser le papier d'impression. On peut aussi se fabriquer un cache en papier mince, passé à la paraffine et muni d'une ouverture correspondant à l'image.

Nous avons répété avec un grand succès les expériences de M. Husnik et reconnu combien est solide la couche imprimante ainsi obtenue.

Notre essai a eu lieu sur une machine à cylindre, mue par la vapeur, avec une vitesse de tirage de 7 à 8 à la minute, et nous n'avons pu, après un nombre de tirage qui a dépassé 1500, entamer la couche de gélatine.

M. Husnik, pour égaliser l'épaisseur de la couche de gélatine, a, depuis, recommandé de la passer en deux fois sur la plaque, inclinée de quelques millimètres, de manière que la nappe liquide versée par le bord le plus élevé s'écoule par le bord inférieur. On laisse sécher dans cet état, puis on change le sens de l'inclinaison et l'on verse la deuxième fois par le côté qui a précédemment servi à l'écoulement. La nappe recouvre de nouveau la plaque, et l'excès s'en va par le bord qui, la première fois, avait reçu le premier jet du liquide.

De cette façon, il reste à la surface des glaces toujours une quantité égale de matière, et elle se trouve bien également répartie au grand profit de la régularité des impressions.

On sait que les images offrent généralement plus d'intensité dans les parties plus épaisses en gélatine, et, par le procédé ordinaire de préparation, on arrive difficilement à égaliser la couche; il y a toujours un côté de la glace où il reste plus de gélatine que sur un autre, tandis qu'en opérant comme l'indique M. Husnik, rien de la sorte ne peut se produire.

Nous ne saurions trop recommander l'essai de ce procédé, avec lequel on ne tardera pas à se familiariser.

Procédé de M. Gemoser, perfectionné par M. Voigt [1].

Avant l'apparition de l'albertypie et des autres procédés qui ont plus ou moins vulgarisé la phototypie, avait été publié (en 1869), par M. Gemoser, un procédé assez compliqué, dont il est bon de donner la description, ne serait-ce que pour l'éducation, au point de vue général, des personnes qui cherchent

[1] Bulletin de la Soc. F. de Photographie, p. 320, année 1876.

des améliorations aux procédés actuels, et aussi parce que, si compliquées que soient ses formules, on y retrouve des indications que, selon nous, on a eu tort de négliger depuis, telle que, par exemple, l'introduction de substances résineuses et de corps gras dans la couche imprimante.

Il y a évidemment peu d'utilité à mettre en présence tant de substances différentes, et il n'est pas difficile de simplifier la préparation de la couche, tout en lui conservant les divers éléments, soit de coagulation de la gélatine, soit d'aptitude à recevoir l'encre d'impression.

Quoi qu'il en soit, nous copions textuellement le texte original :

Solutions préparées séparément.

1° 8^{gr},75 de gélatine, dissous dans 150 grammes d'eau chaude.

2° 3^{gr},75 de colle de poisson, dissous dans 90 gr. d'eau bouillante.

3° 60 grammes de blanc d'œuf, battus en neige dans 60 grammes d'eau et filtrés.

4° Teinture aqueuse :

Myrrhe......................	2 grammes.
Gomme ammoniaque	0,75
Racine de réglisse	3
Manne......................	0,75
Sucre de canne..............	0,75
Sucre de lait................	1,50

dissous dans 120 grammes d'eau distillée.

5° Bichromate de potasse........   4,75
     —   d'ammoniaque....   2,75
     Eau.........................   120

6· Ammoniaque.

7° Teinture alcoolique :

Lupuline.....................   3,75
Myrrhe......................   3,75
Benjoin.   2,25
Beaume de Tolu.............   1,50

8° 7ᵍʳ, 50 de nitrate d'argent , dissous dans 60 grammes d'eau distillée.

9° Iodure de cadmium...........   0,25
Bromure   0,125
Solution d'or à 1 pour 100.....   3 gouttes.

dans 300 grammes d'eau.

Avant de les employer, on mélange les solutions séparées dans les proportions suivantes :

1. Solution de gélatine..........   120 grammes.
2.   —   de colle de poisson...   70,50
3.   —   d'albumine..........   22.50
4. Teinture aqueuse.............   22,50
5. Bichromate de potasse.......   »
     —   d'ammoniaque.....   25
6. Ammoniaque............. ...   6 gouttes.
7. Teinture alcoolique 7 gr.,50
8. Solution d'argent.............   2 grammes.
9.   —   d'iodure et de bromure   4   —

On ne verse qu'une goutte de ce mélange et l'on fait sécher à l'étuve, comme d'habitude, à la température moyenne de 50 degrés Réaumur.

L'insolation, le dégorgement des plaques pour enlever les sels de chrome, se font comme cela a lieu dans tous les autres procédés. On laisse ensuite sécher spontanément, puis on recouvre les plaques, au moyen d'un tamis, d'une couche de farine de 1 centimètre d'épaisseur, et on les met dans un étui dont la chaleur est élevée jusqu'à 100 degrés Réaumur afin de coaguler l'albumine et, en ramollissant les résines, de donner plus d'adhérence à la couche.

La plaque, refroidie graduellement sur l'étuve, est débarrassée de la couche de farine, puis cimentée, l'image en dessus, au moyen de plâtre, sur une pierre lithographique. Elle est alors prête pour l'impression.

La question importante, ici, est celle du chauffage ; il doit n'être ni trop fort, ni trop faible. S'il est trop fort, la coagulation devient telle, que le noir prend partout, la couche étant difficilement pénétrée par l'humidité ; s'il est trop faible, les corps résineux ne se ramollissent pas suffisamment pour amener une adhérence différente de la couche à la glace.

Pour obvier à cet inconvénient, on a cru devoir abandonner, dit M. Voigt, le procédé à une couche et supprimer alors les substances résineuses et saccharines, dont l'inutilité fut reconnue ; les plaques recevant une première couche dans le but de faciliter l'adhérence sans être obligé de faire un chauffage énergique.

Voici la composition de cette première couche :

Gélatine.................... 6 grammes.
Eau distillée.. 270   —

Faire dissoudre et ajouter 5^{gr},50 de bichromate de potasse.

Battre 112,50 de blanc d'œuf, sans aucune addition d'eau, jusqu'à la production d'une neige ferme; ajouter alors la gélatine pas trop chaude, mélanger avec soin, et laisser reposer quelques heures. Filtrer avant l'emploi.

Pour s'en servir, verser cette liqueur sur une glace posée horizontalement, que l'on met sécher après avoir rejeté l'excédant dans une étuve chauffée à 25 degrés Réaumur au plus.

On insole par derrière et, avant de mettre la deuxième couche, on place la glace dans une cuvette contenant de l'eau chauffée à environ 40 degrés Réaumur. On agite pendant quelques minutes, de façon à faire gonfler la couche et à lui permettre de s'unir intimement avec celle qu'on va appliquer. Cela fait, on laisse écouler l'eau et, pendant que la plaque est encore chaude et humide, on verse copieusement sur le milieu la préparation qui doit former la seconde couche, puis on l'étend, en inclinant de côté et d'autre et pour qu'il s'en échappe un peu par chaque bord, en entraînant l'eau.

On met à sécher dans une étuve à 40 degrés Réaumur.

M. Voigt indique encore de nouvelles formules

moins compliquées que celles de Gemoser et qui seraient celles qu'emploie actuellement M. Albert.

La première couche est ainsi composée :

Gélatine dissoute à une douce chaleur dans 170 grammes d'eau......................	10 grammes.
Bichromate de potasse dissous dans 270 grammes d'eau....	10 —
Albumine battue en neige ...	270 —

On verse l'un dans l'autre, on mélange avec soin et l'on filtre à chaud. Des glaces polies, bien nettoyées avec de l'ammoniaque, sont mises, de niveau, dans l'étuve, et chauffées. On les recouvre alors du mélange d'albumine et de gélatine indiqué ci-dessus, de manière à en former une couche très mince. On sèche ces glaces à la température de 35 degrés Réaumur. Ce mélange, pour la première couche, peut se conserver un certain temps.

En refroidissant, il se prend en gelée opaline, qu'on doit chauffer et filtrer avant d'en faire usage, en ayant soin que la température ne dépasse pas 40 degrés Réaumur, à cause de l'albumine qu'il contient.

Lorsque la couche est sèche, on l'expose, par derrière, à la lumière pendant un temps qui peut durer un quart d'heure à 20 minutes. La glace est alors plongée dans l'eau froide pendant une heure ;

(¹) Bull. de la Soc. F. de Phot., p. 70 et 30, année 1877.

on rince avec de l'eau propre et on laisse sécher
spontanément.

Seconde couche :

Gélatine blanche dissoute dans 720 grammes d'eau chaude..	90 grammes.	
Colle de poisson portée à l'ébullition dans 360 grammes d'eau......................	45	—
Bichromate de potasse et d'ammoniaque, de chacun parties égales, dissous dans 180 gr. d'eau	45	—

Ces trois solutions, bien filtrées, sont mélangées
et portées à 42 degrés Réaumur avant d'être versées sur les glaces revêtues de la première couche.

Cette seconde couche peut être préparée longtemps à l'avance ; mais les glaces, une fois sèches,
ne peuvent se conserver en bon état que pendant
quelques jours. Il faut les employer et les laver
aussitôt que possible ; après quoi, elles peuvent
conserver pendant des années la propriété de
prendre l'encre.

M. Voigt indique une autre formule pour la première couche, qu'il dit être excellente, et nous
sommes de son avis, l'ayant maintes fois employée.
Il l'attribue à M. Obernetter.

On bat en neige 150 grammes d'albumine à laquelle on ajoute, sans cesser de battre, 150 grammes
d'eau et 150 grammes de bichromate de potasse.
Lorsque le mélange est parfait, on l'additionne de

30 grammes d'ammoniaque, on mélange avec soin, et, après un repos de quelques instants, on filtre à travers de la flanelle.

Ce mélange se conserve pendant des années et s'améliore même en vieillissant.

Les glaces sont d'abord recouvertes à froid avec ce mélange, puis séchées à une douce chaleur. On les insole alors par derrière, puis, sans les laver, on les recouvre de la seconde couche.

On pourrait aussi les passer, avant de les recouvrir de la seconde couche, dans une cuvette contenant de l'eau à 30 degrés Réaumur, de manière à ramollir un peu la couche. L'adhérence de celle-ci à la première couche n'en est que plus complète.

M. Voigt signale ensuite l'application du verre soluble (silicate de soude) à la phototypie. C'est une simplification qui évite, dit-il, l'insolation de la première couche et son lavage à l'eau chaude. (*Voir* le procédé Husnik.)

Voici la formule qu'il donne :

Albumine.....................	25	c.c.
Eau	45	c.c.
Silicate de soude...	6	c.c.

C'est, à peu de chose près, celle de Husnik, qui contient 8 grammes de silicate au lieu de 6.

Il nous indique ensuite un autre mode d'employer le silicate alcalin comme première couche. Il consiste à verser la solution de verre soluble sur la glace et à la laisser sécher; après quoi, le silicate est rendu insoluble en le plongeant pendant une minute ou deux dans une solution de nitrate de baryte. On la retire, on la lave avec soin avec de l'eau pure, et alors on procède à l'application de la seconde couche, composée de :

Gélatine......................	5	grammes.
Colle de poisson..............	3	—
Bichromate d'ammoniaque....	2	—
Eau..........................	70	c.c.

M. Voigt recommande d'employer de la gélatine purifiée, ce qui permet de se passer de la colle de poisson, qui contient souvent des particules de graisse difficiles à enlever.

Voici comment il conseille de purifier la gélatine :

On la coupe en petits fragments et on la laisse dans de l'eau fréquemment renouvelée, jusqu'à ce qu'une solution d'oxalate d'ammoniaque (1 de sel pour 25 d'eau) ne produise plus de précipité dans l'eau de lavage.

On ajoute alors quelques gouttes d'ammoniaque à un blanc d'œuf et l'on bat en neige. On continue à battre en ajoutant et mêlant la gélatine dissoute à une douce chaleur (un blanc d'œuf suffit pour 250 grammes de gélatine); puis on ajoute deux ou trois gouttes d'acide acétique. On agite avec un bâton de verre jusqu'à ce que le mélange soit parfait, puis on porte à l'ébullition et l'on filtre, après quoi on laisse pendant une nuit la masse visqueuse dans un dialyseur plongé dans l'eau, dans le but d'enlever toute trace d'acide. Enfin, la gélatine est séchée à l'air libre à une température de 15 à 18 degrés Réaumur.

La gélatine ne doit pas être acide ni non plus sulfureuse, une pareille gélatine étant faible et facile à enlever de la glace pendant le tirage. Elle ne doit pas non plus être pareillement soluble dans l'eau froide, parce qu'alors elle fournit de mauvaises épreuves.

On peut, quand on a fait choix d'une bonne gélatine, employer encore le moyen de purification suivant :

On met 140 à 150 grammes de gélatine dans 1,200 grammes d'eau; on change plusieurs fois cette eau dans l'intervalle de quelques heures, en ayant soin d'en remettre la même quantité que celle qu'on a ôtée. Ce traitement ayant été continué pendant un certain temps, on dissout la gélatine à une douce chaleur; on y ajoute alors un blanc d'œuf battu en neige, et l'on bat le tout pour le bien mélanger; on place alors le vase sur un feu vif et l'on porte rapidement à l'ébullition, en ayant soin de remuer continuellement pour empêcher que la gélatine ne prenne au fond du vase. Lorsqu'on a atteint l'ébullition, on laisse refroidir un peu et l'on filtre à travers une flanelle.

Quoique gris d'abord, le liquide devient promptement clair et transparent.

Pour filtrer la gélatine, on a fait usage d'un appareil qui permet de conserver la température pendant toute la durée de l'opération.

Nous avons indiqué plus haut l'étuve à eau chaude que recommande M. Voigt.

Il y a dans l'ensemble des indications qui précèdent des renseignements qui nous paraissent fort utiles et dont sauront tirer parti les chercheurs. Aucun fait n'est à négliger, et c'est en groupant les observations de la plupart de ceux qui ont fait des études sérieuses dans la voie de la phototypie, que l'on parvient à dégager de tant de formules diverses celles qui sont à la fois les plus simples et les *mieux appropriées* au but à atteindre.

Procédé de M. Murray.

Dans le *Year-Book* de M. Wharton Simpson, M. Richard Murray décrit un procédé de phototypie, qu'il intitule : *Un Nouveau Procédé de (Collotype)*.

Voici en quoi consiste ce procédé.

On prend :

Gélatine de première qualité..	30 grammes.
Glycérine....................	7,50
Tannin......................	0,40
Oxyde de zinc...	7,50
Sucre...........	1,30
Alun	0,13

La gélatine est placée dans 180 centimètres cubes d'eau ; lorsqu'elle est gonflée, on la dissout à l'aide d'une douce chaleur.

On dissout à part, dans l'eau bouillante (30 centimètres cubes), le sucre, l'alun et le tannin. On mélange les deux solutions après les avoir bien filtrées. Cela fait, on y ajoute l'oxyde de zinc bien mélangé avec la glycérine additionnée de 30 centimètres cubes d'eau, et l'on malaxe le tout de manière à avoir un mélange aussi homogène que possible.

On laisse reposer dans un endroit modérément chaud. Au bout de quelques heures, les parties les plus lourdes se sont déposées au fond du vase. On fait alors refroidir le mélange. Quand la masse a fait prise, on la sort du vase ; on enlève avec un couteau la portion qui contient les particules déposées, et l'on emploie ce qui reste pour préparer la couche sur une forte plaque de verre.

On sensibilise avec un bain de bichromate de potasse à 5 pour 100 pendant trois minutes, puis on lave au moyen d'un courant d'eau pendant une minute. Après l'exposition à la lumière, on retourne la glace et on l'expose à son tour, jusqu'à ce que l'image soit prête à disparaître. On développe à l'eau, on sèche, et la planche est alors terminée.

Cette traduction est empruntée au *Bulletin de la Société française de Photographie* ('). Elle est suivie de l'observation que nous citons textuellement :

(') *Bull. de la Soc. Fr. de Phot.*, p. 115, année 1877.

« Ce procédé, que nous indiquons parce que son auteur le donne comme nouveau, nous semble n'avoir rien d'essentiellement original. La préparation de la couche sensible rappelle l'*Eburneum* de M. Burgess, avec quelques complications de plus.

« Quant au mode opératoire, c'est absolument celui qu'a décrit depuis longtemps M. Despaquis. Nous sommes donc encore une fois en présence de ce que l'on a si bien appelé *le vieux neuf*. »

L'auteur de ces observations me pardonnera de lui faire remarquer que le procédé *Eburneum*, de M. Burgess, n'a de commun avec celui de M. Murray que l'introduction de l'oxyde de zinc dans la gélatine.

Cet *Eburneum* n'avait pas pour objet une impression phototypique, mais seulement l'emploi d'un support opalin de l'image photographique. M. Richard Murray, en ajoutant de l'oxyde de zinc à sa couche de gélatine, a évidemment pour but de la blanchir, de façon à mieux voir les moindres demi-teintes des modelés lors de l'encrage. Quant à l'addition du tannin et de l'alun, ce sont des matières propres à coaguler la gélatine, et, par suite, à lui donner plus de solidité. La glycérine et le sucre permettent à la couche d'être plus hygrométrique, et, pour notre part, nous ne pourrions dire que cette formule est comparable à celle donnée par M. Burgess; attendu, d'ailleurs, qu'elle est composée en vue d'un tout autre objet. M. Burgess a publié son procédé en 1865, et il ne songeait nullement à la phototypie.

Quant à l'insolation après l'exposition à la lumière, elle comprend à la fois les idées de M. Albert et de M. Despaquis, et l'on ne saurait, en effet, trouver là la nouveauté du procédé Murray, qui consiste surtout dans la manière dont il prépare sa seule couche sensible.

Procédé de M. Poitevin au perchlorure de fer.

Nous reproduisons la communication faite par M. Poitevin à la Société Française de Photographie dans le cours de l'année 1878. Nous n'avons pas pu répéter ses expériences, mais elles ont eu la sanction de notre habile confrère, M. Boivin, et il y a évidemment là une idée nouvelle dont on pourra tirer un utile parti pour les diverses applications phototypiques.

Voici comment s'exprime M. Poitevin :

« Au mois de février 1863, je communiquai à la Société de Photographie un mode d'impression au charbon au moyen de la gélatine teintée rendue insoluble par un mélange de perchlorure de fer et d'acide tartrique, et à laquelle la lumière restitue la solubilité. J'ai depuis constaté et expérimenté la possibilité d'obtenir des épreuves à l'encre grasse sur verre dépoli, et recouvert seule-

ment d'une couche de perchlorure de fer et d'acide
tartrique, ou sur une couche de gélatine préalablement insolubilisée par le perchlorure de fer et
l'acide tartrique, puis impressionnée à travers un
positif, l'encre ne s'y fixant qu'aux endroits modi-
fiés par la lumière. J'ai également observé la netteté de la gravure que l'on peut obtenir sur ces
couches, où la dissolution part de la surface; il est
donc facile, en mêlant à la couche un corps grenu
et inerte, d'obtenir un grain sur les planches pour
l'impression en taille-douce.

Voici une propriété nouvelle et inédite que j'ai
reconnue à ces couches de gélatine insolubilisée,
propriété dont je me sers pour obtenir immédiatement sur papier, et avec un cliché négatif, des
épreuves positives à l'encre grasse, pouvant être
reportées sur pierre lithographique ou sur planche
de zinc, pour l'impression à la presse mécanique,
ou bien être mises en relief pour l'impression typographique.

Cette propriété consiste en ce que la gélatine,
rendue insoluble par le perchlorure de fer et l'acide
tartrique, et qui n'est pas redevenue soluble par
l'action de la lumière à travers un cliché négatif,
peut, lorsque l'image a été développée, reprendre
sa solubilité dans l'eau faiblement acidulée, ou
après un traitement préalable par de l'acide chlorhydrique très étendu d'eau. J'opère donc de la
manière suivante pour obtenir, par ce nouveau

moyen, des épreuves à l'encre grasse : le papier,
gélatiné d'un côté seulement, avec de la gélatine
légèrement teintée pour mieux suivre l'opération,
est appliqué des deux côtés successivement sur un
bain à 10 pour 100 de perchlorure de fer et 3 pour
100 d'acide tartrique, ou bien plongé pendant
quelques minutes dans le bain, puis suspendu par
un angle et laissé à sécher dans l'obscurité. Lorsqu'il est sec, je l'impressionne pendant quelques
minutes au soleil, à travers un négatif photographique des dessins à reproduire.

La couche impressionnée est alors traitée par de
l'eau chaude, qui dissout toutes les parties ayant
reçu l'action de la lumière, et j'obtiens une épreuve
négative, mais redressée, du dessin, puisque toutes
les parties transparentes du cliché y sont représen-
tées par le blanc du papier mis à nu.

Après un lavage suffisant, j'abandonne la feuille
à une dessiccation spontanée et, au moyen d'un
rouleau ou d'un tampon chargé d'encre grasse, ou,
mieux, à la presse, je recouvre d'une couche continue d'encre grasse toute la surface de cette épreuve;
je plonge dans de l'eau légèrement acidulée et ensuite dans de l'eau suffisamment chaude, qui dissout
la gélatine partout où il en était resté et fait disparaître en même temps l'encre grasse qui la recouvre,
tandis que le corps gras, au contact immédiat du
papier, y reste adhérent et forme une épreuve positive à l'encre grasse, dont on pourra faire usage,

soit pour le report, soit pour la gravure ou pour tout autre objet. »

Nous avons indiqué ce procédé, parce qu'il est tout différent de tous ceux qui précèdent ; il n'y est plus, en effet, question des sels de chrome ; seulement, l'application immédiate que nous signale M. Poitevin est plutôt du domaine de la photolithographie que de celui de la phototypie. Il ne s'agit plus ici d'une couche imprimant directement à la façon d'une pierre lithographique et dont certaines parties ont plus ou moins d'affinité pour le corps gras, tandis que ce dernier est repoussé par d'autres parties plus ou moins chargées d'humidité ; mais bien d'un moyen d'obtenir, sans l'emploi du bitume de Judée ou de la gélatine bichromatée, des images à l'encre grasse de traits que l'on peut reporter sur pierre ou sur métal.

Nous ne voyons pas encore s'il y aurait avantage à utiliser la propriété qu'a la gélatine insolubilisée par le perchlorure de fer et l'acide tartrique et insolée, de redevenir, après avoir été insolée, soluble dans l'eau faiblement acidulée ou seulement déliquescente, pour en tirer des images phototypiques modelées, mais la question d'application peut être étudiée, et c'est pourquoi nous signalons cet autre moyen de rendre la gélatine insoluble, et aussi d'obtenir, en employant un positif, une surface plus ou moins hygrométrique dans les parties attaquées par la lumière. Dans ce cas, on doit avoir des demi-teintes, et il reste à déterminer la question de solidité de la couche et de continuité d'un bon tirage. Nous ne doutons pas que l'on n'arrive, dans ce cas, au succès, tout comme en employant de la gélatine bichromatée. L'inconvénient du procédé, c'est de nécessiter l'emploi d'un positif, puisque les parties imprimantes sont celles qui, en définitive, restent dans l'état primitif, tandis que celles qui ont subi à travers le cliché positif l'action de la lumière sont devenues déliquescentes.

Il reste à savoir encore si les parties que n'a pas transformées la lumière, tout en étant et demeurant insolubles, ne sont pas susceptibles d'être envahies par l'humidité plus que ne le sont, lorqu'on emploie de la gélatine bichromatée, les parties non seulement insolubilisées, mais encore imperméabilisées par la lumière.

Il y a là tout un champ d'observations à explorer, et où l'on trouvera certainement les éléments de nouvelles applications fort utiles et toujours d'un grand intérêt.

Il est bien des opérateurs qui, sans avoir introduit aucun perfectionnement dans les tirages photographiques, ont cru devoir s'attribuer un procédé que l'on a décrit comme leur appartenant, tandis que, en réalité, ce n'est qu'un procédé et des formules qu'ils emploient après les avoir puisés dans l'arsenal des descriptions diverses que nous venons de résumer. Cela n'empêche pas que plusieurs d'entre eux n'aient produit des œuvres vraiment belles ; mais c'est sans motif sérieux qu'ils disent que c'est par leur procédé : ils n'y ont mis du leur que de l'habileté personnelle, que du goût artistique, qu'un talent d'observation incontestable ; mais leur marche opératoire est celle de l'un des inventeurs que nous avons cités. Ils appliquent avec un grand succès, ce qui est bien suffisant, mais ils n'ont rien découvert.

Avant d'en finir avec cette intéressante et si instructive série des procédés divers, nous croyons devoir l'accroître d'un apport qui nous est tout personnel.

Nous dirions de nous ce que nous venons de dire à propos de ceux de nos confrères qui n'ont fait qu'appliquer des procédés inventés de toutes pièces par d'autres, dans le cas du procédé suivant, que nous nous attribuons dans sa marche opératoire et dans son application, bien que son principe, pas plus que ses divers détails, ne soient de nous.

Isolément, chacune des opérations que nous allons décrire a été indiquée. Nous avons imité le sculpteur qui, pour faire une statue de femme, emprunte à l'une un bras, à l'autre le visage, etc. ; peu importe, en définitive, si le résultat est bon, qu'il ait pris un peu partout les détails qui le constituent. De son cerveau, il n'est pas sorti une conception toute de premier jet, c'est vrai, mais l'œuvre d'ensemble n'en est pas moins, là, plus complète que ne l'était chacune des autres œuvres, dont il a groupé seulement les parties réussies. Ainsi croyons-nous avoir fait, en simplifiant la production des planches phototypiques et en rendant celles-ci, non seulement plus durables au tirage, mais encore susceptibles d'être intercalées dans le texte et d'être imprimées en même temps que les caractères typographiques, comme on le fait avec des bois typographiques.

Nous décrirons ce nouveau procédé sans entrer dans trop de détails inutiles; on en comprendra d'ailleurs bien vite le fonctionnement, pour peu que l'on soit familiarisé avec les procédés d'impression au charbon et à l'encre grasse.

Procédé de phototypie de M. Léon Vidal.

Des papiers sont préparés avec de la gélatine neutre de bonne qualité, mais sans qu'il soit important de s'en préoccuper autant qu'on le fait pour les diverses préparations de plaques phototypiques que nous venons de décrire. On introduit dans cette gélatine une certaine quantité de matière colorante en poudre impalpable, mais de couleur claire, pour lui donner une légère coloration, qui permettra de voir l'image dans ses moindres demi-teintes, mieux que si la gélatine était incolore. Ces papiers sont sensibilisés dans un bain de bichromate de potasse, à raison de 3 a 6 pour 100 de ce sel; puis, quand ils sont secs, impressionnés à travers les clichés, comme on le fait dans le procédé au charbon. On transporte et l'on développe sur une glace finement dépolie, légèrement cirée ou stéarinée, comme dans la pratique ordinaire du procédé au charbon. L'image développée, une fois bien complète, est passée à une dernière eau chaude très propre, pour être bien épurée; on l'en sort et on la rince à l'eau filtrée; on laisse égoutter; puis, dès que le verre, mis à nu tout autour de l'image, est sec, on y établit une sorte de cuvette avec des bandes de papier repliées en équerre et dont un des côtés est collé tout autour, sur le verre, à 2 millimètres de l'image. Un bristol, découpé en talus tout autour, ou un cadre en bois biseauté à l'intérieur, peuvent servir à faire cette cuvette.

On verse alors sur l'image et dans l'intérieur de cette cuvette, dont le fond est posé bien horizontalement sur un trépied à vis calantes, un mélange de gélatine, de glycérine, d'alun de chrome, de gomme arabique, à chaud, et de manière à fournir, quand la couche sera sèche, une épaisseur d'environ 5 millimètres. Voici la formule :

Eau........................	100	grammes
Gélatine...................	20	—
Gomme arabique..	20	—
Glycérine	40	—
Alun de chrome.............	0,5	—
Sulfate de baryte...........	10	—
Acide salicilique.	2	—

Cette couche de gélatine, blanchie par du sulfate de baryte, permettra de bien suivre ultérieurement l'encrage de l'image, celle-ci se détachant plus vivement en noir sur un fond à peu près blanc.

Dès que la dessiccation est complète, on pose la glace sur le plateau inférieur d'une presse verticale, puis, par-dessus le bloc de gélatine, on met, soit un bois coupé à la dimension, soit une plaque de métal zinc ou cuivre, on soude à chaud à la glu marine ou au bitume, en abaissant le plateau mobile et laissant la pression tout le temps voulu pour que le collage soit complet. On peut, après cela, détacher le bois ou le métal auquel s'est attachée la couche de gélatine portant l'image insoluble formée par la lumière. Il n'y a plus qu'à nettoyer les bords, à les rogner et à enduire tout le tour du bois et l'épaisseur de la gélatine d'un vernis isolant au bitume et à remettre à tremper l'image en dessous, dans un liquide formé par de la glycérine étendue d'eau et 2 pour 100 de carbonate d'ammoniaque. Toute la couche de gélatine sur laquelle est l'image absorbe de l'humidité, tandis qu'il n'en peut pénétrer dans les diverses parties de l'image formée par de la gélatine insoluble fortement imperméabilisée par la lumière, et cette image reste toujours un peu en relief sur la couche additionnelle de gélatine, qui, tout en la supportant, est douée de la propriété d'absorber l'humidité.

On peut, dans la mixtion qui forme l'image,

introduire telle matière inerte qui accroîtra le grain
ou l'affinité de l'image pour l'encre grasse ; une
matière résineuse remplit parfaitement ce rôle. La
couche de gélatine qui sert de support à l'image
est, de son côté, munie des éléments qui peuvent
accroître son pouvoir hygroscopique, et l'on conçoit
que, de cette façon, l'on puisse arriver à un tirage
mécanique rapide sur une plaque qu'il ne faudra
mouiller que fort rarement.

La plaque est de la dimension voulue pour être
introduite dans la composition, et son support est
à la hauteur des caractères. On peut donc tirer le
tout ensemble, pourvu que l'encre et les rouleaux
employés soient autres que ceux dont on use constamment dans les tirages purement typographiques.

Ici le modelé exige plus de netteté dans le tirage,
et il faut des rouleaux à surface très régulière et
suffisamment lisse. L'encre doit aussi être moins
pâteuse, moins abondante, que dans les impressions typographiques. Cela se comprend aisément,
puisqu'il s'agit d'un résultat plus complet, de
teintes continues au lieu des hachures ou des
points qui forment les bois typographiques. Avec
des impressions grenues, le grain étant obtenu à
l'aide d'une trame quelconque, on serait tenu à
moins de précautions.

Rien de plus simple que ce procédé. Les papiers
portant la préparation voulue peuvent être fabri-

qués d'avance. On les sensibilise, comme pour le
procédé au charbon, peu avant de s'en servir. On
peut imprimer pour un même sujet plusieurs fois
le même cliché, de manière à faire des *bois* de re-
change. L'image, au développement, doit se présenter complète, et l'on ne coule la couche de
gélatine que sur les images dont on est satisfait.
Toutes les précautions que nécessitent les plaques
préparées directement avec une ou deux couches
sensibles sont supprimées. Aucun chauffage n'est
nécessaire, aucun support fragile ou difficile à
planer n'est employé. On peut multiplier dans la
même forme le nombre des bois, et faire un tirage
mécanique de n'importe quelle dimension, en rapport avec les presses employées. Toute inscription
clichée ou formée avec des caractères mobiles peut
être imprimée en même temps que la phototypie
elle-même.

La solidité de ces planches phototypiques ne
saurait être mise en doute. Si une couche mince
de gélatine peut se déchirer ou se soulever, il n'en
est pas de même d'une couche épaisse. Ici, l'épaisseur de la couche ne saurait, d'autre part, altérer
la valeur et la finesse de l'image. Celle-ci, bien
qu'emprisonnée dans la couche de gélatine, est
d'une autre nature qu'elle; elle a pu être fortement
coagulée sans que cela soit au détriment de la
perméabilité de la couche du support. L'impression
lumineuse n'a en rien atteint ce support, et l'encre

prendra seulement sur les parties qui ont résisté à l'eau chaude lors du développement sur la glace provisoire.

Cette image ne se gonfle que très peu lors du mouillage, mais la couche sous-jacente se gonfle uniformément; on voit apparaître l'image légèrement en relief, tandis que les parties humides restent en contre-bas, ce qui est l'inverse de la phototypie ordinaire; et le tirage typographique ne peut qu'y gagner en facilité. D'ailleurs, ce relief est peu marqué, et il est facile de l'avoir plus ou moins saillant, suivant la nature du travail à exécuter; tout dépendra du mélange bichromaté servant à la formation de l'image. S'il est très riche en matière colorante, il donnera une image plus plate, et les reliefs seront d'autant plus accentués que la matière sensible sera plus translucide.

Comme nous l'avons dit plus haut, voilà bien un procédé nouveau, différant essentiellement de tous ceux que l'on pratique actuellement, et dont l'agencement nous appartient bien; mais, nous n'hésitons pas à le répéter, c'est un groupe de diverses bonnes idées empruntées à divers opérateurs.

Ainsi, le principe étant toujours celui de M. Poitevin, nous utilisons l'idée de M. Richard Jacobsen, de faire une image au charbon que l'on reporte sur un bloc de gélatine hygrométrique.

Nous introduisons dans ce bloc du sulfate de

baryte au lieu de l'oxyde de zinc, qu'ont indiqué, soit M. Burgess, dans son procédé dit *Eburneum*, soit M. Murray, dont le but, supposons-nous, était de faire mieux voir le degré d'encrage de l'image. C'est là aussi notre but.

L'image tirée en couleur claire est une idée à nous.

Nous la voulons ainsi parce que, sur une image tirée au charbon en noir, on ne se rendrait pas bien compte de l'encrage. Mais, à part cela, et pour les tirages mécaniques, nous ne voyons aucun inconvénient à tirer l'image sur des mictions noires : le fond hygrométrique étant blanc, on verra toujours s'il reste propre; et d'ailleurs, au tirage, les résultats fournis par la planche photo-typique seront vite vérifiés.

Si l'on divise le modelé à l'aide d'une trame quelconque, pour avoir des divisions blanches, on verra toujours s'il y a empâtement de ces divisions, quelle que soit la couleur de la matière colorante introduite dans l'image pour former une planche imprimante plus ou moins fine et plus ou moins en relief.

Nous pouvons revendiquer l'application spéciale, soit aux tirages de ces planches intercalées dans le texte, soit au groupement d'un certain nombre du même sujet et de sujets différents, que l'on peut tirer en même temps, de manière à multiplier la production sans difficulté aucune, ce qui ne peut avoir lieu avec les planches phototypiques actuelles sur glace, sur pierre ou sur métal.

Les tirages avec marges sont ici résolus d'une manière parfaite, puisque les *bois* sont de la dimension de l'épreuve, et que le papier du tirage ne porte, en dehors de l'épreuve, sur aucune surface susceptible de le salir. Un cache peut d'ailleurs être employé pour éviter que le bord de la plaque, s'il prenait un peu de noir, ne vînt se marquer sur le papier. Tenant le pourtour de nos épreuves de 1 millimètre 1/2 ou 2 en plus de l'image, on peut faire tomber l'ouverture du cache sur ce pourtour, que l'on obtient en contre-bas de la surface imprimante, à l'aide d'un cadre biseauté en bristol paraffiné qui est posé, formant cuvette, sur la plaque, tout autour de l'image, avant d'y verser le bloc de gélatine hygroscopique.

Ainsi, pour résumer notre procédé :

1° Abandon complet des coutumes de tous les imprimeurs phototypiques dont nous avons décrit les procédés.

2° Formation d'une image au charbon sur une glace dépolie, et montage de cette image pour le tirage à l'encre grasse, quand on voit que l'impression est au degré voulu.

3° Suppression de l'étuve et de tout chauffage.

4° Possibilité de traiter spécialement l'image, c'est-à-dire la partie qui constitue le cliché imprimant, sans atteindre en même temps son support,

qui ne doit, lui, offrir que deux qualités principales : faculté d'absorber de l'humidité et résistance suffisante au frottement de l'impression.

On peut donc durcir, tanner assez l'image traitée isolément, pour que, au cours de l'impression,
elle ne soit pas altérée par l'humidité de la
couche sous-jacente, et, de cette façon, l'on pourra
imprimer indéfiniment sans perdre les demi-
teintes.

5° Possibilité d'introduire, dans la couche formant l'image, toutes les substances voulues pour
qu'elle donne des épreuves plus ou moins en relief
sur la couche hygrométrique, et plus ou moins
grenues.

6° Faculté de multiplier les planches d'un même
sujet, et d'effectuer les tirages, soit de ces *bois*
réunis et formant une seule planche d'impression,
soit de ces *bois* composés avec du texte dans une
même forme et avec telles marges désirables.

Donc, possibilité de substituer, dans le texte des
ouvrages, des clichés phototypiques aux bois typographiques dont on use habituellement.

Pour compléter notre donnée, nous ajouterons
que rien ne s'oppose à ce que nos clichés phototypiques, au lieu d'être soudés à des plaques de métal
ou de bois, ne soient enroulés sur les parties cylindriques des clichés cintrés que l'on emploie dans
certaines machines typographiques rotatives, et
aussi dans les impressions des tissus.

On pourrait ainsi, tandis qu'ils sont posés cylindriquement, les faire passer sur une table où la matière colorante serait bien également distribuée, ou sous des rouleaux encreurs, et, d'un mouvement continu, faire des impressions sur des papiers ou sur des toiles sans fin.

Un mouillage plus ou moins abondant ne saurait influer beaucoup sur la nature du résultat, pourvu qu'il fût exercé sur toutes les parties de l'image également; il n'aura jamais à agir que sur les parties de la couche inférieure et il demeurera sans action sur l'image elle-même. Il suffira de passer rapidement une éponge mouillée sur les clichés, de temps à autre, quand on s'apercevra que l'encre tend à s'attacher au fond, fait qui ne se produira qu'après le tirage d'un très grand nombre d'épreuves.

Si les images à imprimer sont des reproductions de gravures ou de dessins au trait, ou si encore on a ménagé un grain à l'aide d'une trame, il sera avantageux d'avoir une épreuve bien en relief sur le fond hygrométrique; le relief donnera déjà une valeur typographique au cliché, et l'humidité du dessous permettra de faire le tirage avec une très grande pureté. Si, au contraire, il s'agit d'un sujet qui est finement modelé, il y aura à choisir une mixtion donnant peu de relief, et le tirage, avec une encre typographique mieux appropriée à ce travail, c'est-à-dire plus régulièrement distribuée et plus dure, ne pourra marcher aussi vite ; mais, n'importe, il fournira de tels résultats, que l'on pourra bien subir un certain ralentissement dans la production. Notons, en passant, qu'un bois de cette nature coûtera infiniment moins que le moindre dessin compliqué d'une gravure, et que l'on aura, avec un bon négatif, une représentation bien réelle, bien authentique, pour ainsi dire, de l'objet reproduit.

Pour des planches qui sont rondes ou ovales, ou bien dont la silhouette extérieure se termine en se fondant dans le blanc, rien de plus simple que d'entourer l'image au charbon d'un papier plus ou moins épais, découpé selon la forme voulue, et de verser la gélatine hygrométrique sur ce moule qui laissera en relief la partie correspondante à l'image, tandis que tout le tour demeurera en contre-bas de quelques millimètres et ne pourra prendre l'encre et amener le moindre voile, que l'on évitera d'ailleurs par l'emploi d'un cache à charnière, disposé pour tomber dans les vides des caractères et des bois, comme on le fait dans les tirages typographiques soignés.

L'ensemble des idées que nous venons de développer constitue bien un procédé qui, pour s'être inspiré de certaines données appartenant à plusieurs de nos habiles confrères, n'en est pas moins un procédé à nous. Nous aurions pu en faire l'objet d'une exploitation spéciale en le brevetant ; mais

23

nous sommes trop dévoué au progrès de la photographie pour ne pas désirer que ce moyen d'en vulgariser les applications dans toutes les imprimeries typographiques soit répandu le plus tôt et le plus rapidement possible. Nous avons donc pris la résolution de laisser à ce procédé toute sa liberté d'expansion, et, comme il serait difficile de donner ici des indications assez précises pour qu'il soit mis en pratique, nous pourrons fournir aux industriels qui voudraient le pratiquer le concours de notre expérience dans cette matière ; ils pourront ainsi éviter de nombreux tâtonnements et arriver vite et bien.

Jusqu'ici, l'on manquait d'un moyen sûr et simple de réaliser l'impression phototypique combinée avec le texte. C'était, au nombre des problèmes photographiques à résoudre, celui auquel nous avons vu attacher la plus grande importance ; aussi bien est-ce à cause de cela que nous avons dirigé nos recherches dans cette voie, et nous nous estimons fort heureux d'avoir approché du succès.

Nous pouvons affirmer que, désormais, la question des tirages phototypiques est à la portée de toutes les industries d'impression, sans aucune exception, puisque se trouvent supprimées toutes les délicatesses de travail et toutes les causes d'insuccès qui s'opposaient, jusqu'à l'heure actuelle, à leur diffusion dans le plus grand nombre d'ateliers.

Ceux qui douteraient encore de nos affirmations pourront, d'ailleurs, puiser dans toutes les données dont cet ouvrage fourmille, et ils réussiront toujours à se faire une méthode opératoire à eux et dont ils useront très utilement.

Nous n'avons rien négligé pour que la question des impressions à l'encre grasse ne fût complètement élucidée, et, en terminant ce travail par une méthode qui nous est propre, nous avons voulu prouver comment un chercheur, muni de documents, peut, sans suivre absolument les traces de ses devanciers, utiliser pourtant leurs indications pour en former un ensemble plus simple encore et plus complet.

Notre mérite n'est pas grand, car nous n'aurions pu construire l'édifice si chacun de ceux à qui nous empruntons des matériaux ne les avait formés ou recueillis. A d'autres, plus heureux et plus patients que nous, le soin de perfectionner encore nos indications, en n'en prenant que les meilleures parties !

NOTES

I

Gélatines.

Les différentes sortes de gélatine livrées par le commerce sont extraites de peaux, de cornes, d'os, de cartilages et de tendons d'animaux.

Suivant les matières qui entrent dans la fabrication et aussi suivant la méthode d'extraction, les gélatines ont différents aspects et différentes qualités. Il n'est pas inutile, pour le point qui nous occupe, de savoir dans quelles conditions le choix devra se faire. Trois qualités sont nécessaires : la pureté, la porosité ou mieux la pénétrabilité, la ténacité ou la résistance.

Les gélatines obtenues exclusivement avec des os et celles provenant des tendons sont très résistantes ; mais les premières sont souvent acides, et les secondes contiennent quelquefois des traces d'alun. L'acidité est le défaut le plus ordinaire et le plus nuisible pour les usages photographiques.

Les gélatines extraites des peaux et des cartilages de jeunes animaux sont pures et exemptes d'acide; mais elles manquent de résistance.

Employées dans les émulsions, elles adhèrent mal au support, et se détachent en occupant souvent un espace double de celui qu'elles recouvraient. Ces sortes de gélatines doivent être rejetées complètement.

. . . .

On trouve aisément dans le commerce des gélatines qui se prêtent bien aux opérations photographiques, telles que la gélatine « marque de la Comète », indiquée par M. Ferrier; les sortes dures de gélatine Cogniet, de Lyon; plusieurs qualités de gélatine Nelson.

Un moyen facile et qui réussit très bien, pour reconnaître celles qui seront d'un bon emploi, consiste à mettre en même temps, dans un vase plat contenant un peu d'eau, une feuille de chaque gélatine à essayer, en ayant soin de n'en immerger que la moitié. Le choix devra se porter sur la sorte qui, tout en se gonflant par l'absorption de l'eau, conservera le mieux sa forme primitive. Celle-là sera presque toujours la plus résistante.

Quant à l'acidité, il est facile de s'en rendre compte.

L'ichthyocolle, ou colle de poisson, est d'un bon usage. Elle se fond assez difficilement, et il est nécessaire de la laisser longtemps dans l'eau froide avant de la dissoudre.

La dissolution doit être filtrée sur de la laine cardée, car elle est mélangée de fibres et de parties insolubles, qu'il faut éliminer. On trouve dans le commerce, sous forme de gélatine, de la colle de poisson débarrassée de toute matière étrangère et dont l'usage est excellent (').

Étendue sur verre, elle donne des couches extrêmement fines, très perméables, et même plus perméables qu'aucune autre gélatine.

On ne peut, toutefois, l'employer seule, car, après avoir été fondue une fois, il est très difficile de la faire reprendre en gelée. C'est sans doute à cet état particulier que la gélatine de poisson doit sa grande perméabilité.

Il nous a paru utile de citer ces indications, fournies par un expérimentateur aussi sérieux que l'est M. Chardon. Bien que son travail concerne spécialement les émulsions au gélatino-bromure, ce qui a trait à la gélatine est aussi bon à noter pour l'application de ce produit à la phototypie. C'est pourquoi nous nous sommes empressé d'ajou-

(') On trouve cette colle de poisson dans la maison Caron, 7, rue Thévenot, à Paris.

ter cet extrait à notre traité, bien que celui-ci fût terminé et prêt à l'impression.

II

Procédé de purification de la gélatine, par M. Stimde.

On découpe la gélatine en morceaux que l'on met tremper dans de l'eau pure, qu'il faudra changer de demi-heure en demi-heure deux ou trois fois. Cette gélatine, imbibée et égouttée, est chauffée au bain-marie jusqu'à dissolution. A chaque quart de litre de la solution on ajoute un blanc d'œuf étendu de deux fois son volume d'eau et agité fortement avec cinq gouttes d'ammoniaque. Enfin, on fouette fortement le mélange.

Au liquide gélatineux on ajoute goutte à goutte de l'acide acétique étendu de deux cent cinquante fois son poids d'eau, et l'on fouette chaque fois le liquide jusqu'à ce qu'un papier de tournesol trempé dans le liquide passe peu à peu au rouge. Le tout est porté très rapidement à l'ébullition, en remuant toujours avec les verges ; une ébullition de trois minutes suffit.

On filtre la gélatine à travers du papier, en ayant soin de tenir l'entonnoir un peu chaud ; le liquide doit passer très clair. Le filtrage terminé, la géla-

tine est versée sur des assiettes en porcelaine, où
elle se coagule à l'abri de la poussière; lorsqu'elle
est complètement sèche, on la coupe en petits morceaux qu'on met tremper dans de l'eau distillée
pendant quarante-huit heures; on aura soin de
changer l'eau trois ou quatre fois. Une fois séchée
de nouveau, cette gélatine est mise de côté, pour
s'en servir au besoin.

(Extrait du *Traité d'impression à l'encre grasse* de
M. Mook.)

FIN

TABLE ALPHABÉTIQUE

DES MATIÈRES

C

D

E

E

F

G

H

O

P

Q

R

NOMENCLATURE

DES NOMS CITÉS DANS CE TRAITÉ

Paris. — Imp. Gauthier-Villars, 55, quai des Grands-Augustins.

www.ingramcontent.com/pod-product-compliance
Lightning Source LLC
Chambersburg PA
CBHW070239200326
41518CB00010B/1612